SITZUNGSBERICHTE DER SÄCHSISCHEN AKADEMIE
DER WISSENSCHAFTEN ZU LEIPZIG

Philologisch-historische Klasse
Band 128 · Heft 1

SIEGFRIED WOLLGAST

EHRENFRIED WALTHER VON TSCHIRNHAUS UND DIE DEUTSCHE FRÜHAUFKLÄRUNG

AKADEMIE-VERLAG · BERLIN
1988

SITZUNGSBERICHTE DER SÄCHSISCHEN AKADEMIE DER WISSENSCHAFTEN ZU LEIPZIG

PHILOLOGISCH-HISTORISCHE KLASSE

Band 119

Heft 1 Prof. Dr. WILHELM PÉE, Rechtschreibungsprobleme im Niederländischen. Mit einem Beitrag von Dr. HELGA HIPP, Probleme der niederländischen Rechtschreibung aus germanistischer Sicht 1977. 53 Seiten – 8° – M 5,–

Heft 2 Prof. Dr. GERTRUD SCHUBART-FIKENTSCHER, Goethes Amtliche Schriften. Eine rechtsgeschichtliche Untersuchung 1977. 72 Seiten – 8° – M 6,50

Heft 3 Prof. Dr. RUDOLF RŮŽIČKA, Historie und Historizität der Junggrammatiker 1977. 22 Seiten – 8° – M 3,–

Heft 4 Prof. Dr. GERTRUD SCHUBART-FIKENTSCHER, Christian Thomasius. Seine Bedeutung als Hochschullehrer am Beginn der deutschen Aufklärung 1977. 50 Seiten – 8° – M 4,50

Heft 5 Prof. Dr. JOACHIM MÜLLER, Shakespeare und ein deutscher Anfang: Die von Borcksche Übersetzung des „Julius Cäsar“ von 1741 im Streitfeld von Gottsched und Johann Elias Schlegel 1977. 65 Seiten – 8° – M 5,–

Heft 6 Prof. Dr. HERBERT PEUKERT, Position einer Linguostilistik 1977. 93 Seiten – 8° – M 8,50

Band 120

Heft 1 Prof. Dr. LIESELOTTE BLUMENTHAL, Mozarts englisches Mädchen 1978. 29 Seiten – 8° – M 3,–

Heft 2 Prof. Dr. HANS-JOACHIM DIESNER, Westgotische und langobardische Gefolgschaften und Untertanenverbände 1978. 32 Seiten – 5 Abbildungen – 8° – M 4,–

Heft 3 Prof. Dr. WALTER DIETZE, „Ein würdiger Lehrer der Menschheit zu werden ...“ Über Johann Gottfried Herders schriftstellerische Anfänge 1978. 22 Seiten – 8° – M 3,–

Heft 4 Prof. Dr. ROLF LIEBERWIRTH, Der Staat als Gegenstand des Hochschulunterrichts in Deutschland vom 16. bis zum 18. Jahrhundert 1978. 28 Seiten – 8° – M 3,50

Heft 5 Prof. Dr. RUDOLF MEYER, Gegensinn und Mehrdeutigkeit in der althebräischen Wort- und Begriffsbildung 1979. 31 Seiten – 8° – M 3,50

Heft 6 Prof. Dr. WERNER NEUMANN, Aufgaben und Probleme der heutigen Bachforschung 1979. 25 Seiten – 8° – M 3,–

Band 121

Heft 1 Prof. Dr. KARL CZOK, Vorstädte. Zu ihrer Entstehung, Wirtschaft und Sozialentwicklung in der älteren deutschen Stadtgeschichte 1979. 28 Seiten – 8° – M 3,–

Heft 2 Prof. Dr. HANS-JOACHIM DIESNER, Politik und Ideologie im Westgotenreich von Toledo: Chindasvind 1979. 35 Seiten – 8° – M 4,50

Heft 3 Prof. Dr. JOACHIM MÜLLER, Die dramatische Funktion von Mephistos Monolog in Goethes „Faust“ I: „Verachte nur Vernunft und Wissenschaft ...“ (V. 1851–1867) 1980. 32 Seiten – 8° – M 3,–

Heft 4 Prof. Dr. Dr. KURT RUDOLPH, Antike Baptisten. Zu den Überlieferungen über frühjüdische und -christliche Taufsekten 1981. 40 Seiten – 8° – M 4,50

Heft 5 Prof. Dr. CLAUS TRÄGER, Lessing – Kritik und Historizität 1981. 34 Seiten – 8° – M 3,50

Heft 6 Prof. Dr. ALBRECHT NEUBERT, Zu einigen aktuellen Problemen der lexikalischen Semantik 1981. 20 Seiten – 8° – M 3,–

Band 122

Heft 1 Prof. Dr. JOACHIM MÜLLER, Der vierte Akt im Zweiten Teil von Goethes „Faust“. Aktion und Bezüge 1981. 26 Seiten – 8° – M 3,–

Heft 2 Prof. Dr. GERHARD DUDEK, Lew Tolstoi – Künstlerische Entdeckung und ästhetische Herausforderung 1981. 20 Seiten – 8° – M 3,–

Heft 3 Prof. Dr. ZSIGMOND TELEGDI, Ein Beitrag zur Lehre vom sprachlichen Zeichen 1981. 36 Seiten – 8° – M 4,50

SITZUNGSBERICHTE DER SÄCHSISCHEN AKADEMIE
DER WISSENSCHAFTEN ZU LEIPZIG

Philologisch-historische Klasse
Band 128 · Heft 1

SIEGFRIED WOLLGAST

EHRENFRIED WALTHER VON TSCHIRNHAUS UND DIE DEUTSCHE FRÜHAUFKLÄRUNG

THEORIA CUM PRAXI

AKADEMIE-VERLAG · BERLIN
1988

Vorgetragen in der öffentlichen Sitzung am 15. November 1985
Manuskript eingereicht am 24. November 1986
Druckfertig erklärt am 7. November 1987

ISBN 3-05-000583-1
ISSN 0138-3957

Erschienen im Akademie-Verlag, DDR - 1086 Berlin, Leipziger Str. 3–4

Lizenznummer: 100/391/87
Printed in the German Democratic Republic
Gesamtherstellung: IV/2/14 VEB Druckerei „Gottfried Wilhelm Leibniz“,
4450 Gräfenhainichen · 6949
LSV 0115
Bestellnummer: 754 844 4 (2026/128/1)

00750

Alles Entstehen ist prozeßhaft. Das Neue ist, so es entsteht, nie fertig Das ist bei der Herausbildung gesellschaftlicher Epochen oder Perioden, bei der Formierung neuer Denkstile oder Weltanschauungen deutlich zu sehen und gilt also auch für das Werden der europäischen Aufklärung im letzten Drittel des 17. Jahrhunderts. Ihr Entstehungsprozeß ist äußerst widersprüchlich und weist zugleich ein enormes Spektrum auf.

Hier wird primär die deutsche Frühaufklärung betrachtet. Das Alte, die tradierte lutherische Orthodoxie, hatte eine enorme Macht. Trotz allen Unbehagens, das sie – gleich der mit ihr verquickten protestantischen Schulphilosophie und anderer weltanschaulicher Strömungen – hervorrief, vermittelte sie ein Gefühl der Geborgenheit. Das Alte war in Traditionen, in Sitten und Bräuchen verankert; das alte Denken griff auch in den Alltag über: Verhaltensarten im Alltagsleben, bei Tod und Sterben, bei der Feiertags- und Sonntagsheiligung wurden von ihm ebenso bestimmt, wie die Haltung zum Priester, zum Gelehrten, zur Obrigkeit. Luthers Zweireichelehre hatte in praxi zu einer führenden Rolle des Fürsten in Religionsentscheidungen geführt. Nach Melanchton ist der Fürst „Custos utriusque tabulae", d. h. auch Verteidiger des Glaubens und der rechten Gottesverehrung. Bis ins 18. Jahrhundert hinein war es gefährlich, gegen die tradierten theoretischen Verhaltensmuster Neues zu setzen. Amtsentsetzungen, Verfolgungen, Ausweisungen, Kerker konnten die Folge sein.

I.

Der Dreißigjährige Krieg brachte für Deutschland in mehrfacher Hinsicht einen Wandel. An seinem Ende war das religiöse Banner als tragende theoretische Standarte verschlissen. An seine Stelle trat die Betonung des Nationalen, in Deutschland eingeschränkt auf das territorial-absolutistische Regime. Deutschland erholte sich rasch von den verheerenden Folgen des schrecklichsten aller bisherigen Kriege auf seinem Territorium – sowohl ökonomisch wie geistesgeschichtlich. Zentren des Handels erstarkten, neben

Leipzig auch Hamburg und Breslau, um nur einige Beispiele zu nennen. Der Friede von Osnabrück und Münster verlieh den deutschen Territorialfürsten einen Machtzuwachs, der Absolutismus nahm neue Dimensionen an, aber auch das Bürgertum begann sich in Deutschland zu regen. Die Nutzung des Bürgertums durch den Absolutismus führte territorial zur Anerkennung der religiösen Toleranz. Aus dem Erlaß des Edikts von Potsdam als Antwort auf die Aufhebung des Edikts von Nantes folgte im Kurfürstentum Brandenburg nach 1685 ein Erstarken des bürgerlichen Elements und ein entsprechendes Theorienspektrum.

Das Unbehagen am theoretisch Tradierten nahm nach 1650 zu. Neue Verhältnisse verlangten auch neue theoretische Mittel zu deren Bewältigung. Dies erkannten Teile des herrschenden Adels in seinen unterschiedlichen Faktionen ebenso, wie Vertreter verschiedener bürgerlicher Schichten. Unabhängig von einer von der deutschen Tradition bestimmten Linie – vorrangig begründet in Luthers, Calvins und Zwinglis Reformation und deren unterschiedlichen Interpretation – verfolgten die deutschen Gelehrten und Vertreter des Adels wie des Bürgertums aufmerksam die Entwicklung in Westeuropa. Das wurde erleichtert durch die peregrinatio academica, unveräußerlicher Bestandteil des Studiums an allen Fakultäten[1]. Selbst der künftige Dorfpfarrer hatte, in welcher Weise auch immer, nach Abschluß seiner Studien das Ausland kennengelernt. Nach dem Dreißigjährigen Krieg wandte man sich verstärkt Frankreich und England zu, während zuvor die Niederlande seit dem Ende des 16. Jahrhunderts ein beliebtes Reiseziel der deutschen Protestanten waren. 1575 war die Universität Leiden gegründet worden. Der für lange Zeit progressivsten europäischen Universität folgten weitere niederländische Universitätsgründungen. Hier lernten die Deutschen die damals moderne Naturwissenschaft wie die Naturrechtslehre kennen. Justus Lipsius' Neustoizismus hinterließ ebenso starken Einfluß auf das deutsche Geistesleben, wie die metaphysischen Systeme eines René Descartes, eines Thomas Hobbes und dann des Baruch de Spinoza. Die Vorrangstellung der Theologie wurde in ihrer traditionellen Form durch diese metaphysischen Systeme in Frage gestellt. Der Kieler Kanzler Christian Kortholt, ein kluger Vertreter des Alten (wie überhaupt die Vertreter des Alten und Überlebten damals weitgehend klug waren), prägte 1680 das Wort von den drei Betrügern Herbert von Cherbury, Thomas Hobbes und Baruch de Spinoza, eine neue Version der schon dem Staufer Friedrich II. zugeschriebenen Betrügerlegende.[2] Ihre Auffassungen bedeuteten gleichsam einen Frontalangriff gegen die Kirchenlehren und ob der Verquickung von Kirche und Staat einen ebensolchen Angriff gegen den Staat. Der niederländische Pantheist Spinoza gilt mit den aus seiner Formel „Deus sive natura“ entwickelten Lehren als schrecklichster Atheist in der Geschichte der Menschheit, um einer Formulierung von Pierre Bayle zu folgen. Hobbes nahm mit seiner mechanisch-materialistischen Position den zweiten Platz auf der Anklagebank der Orthodoxie ein. Herbert von Cherbury hatte bereits 1624 die Grundsätze des Deismus formuliert, der in seinen unterschiedlichsten Ausprägungen zur weltanschaulichen Grundlage der europäischen Frühaufklärung, ja, der Aufklärung generell werden sollte. Cherburys Prinzipien fordern: 1. Anerkennung der Existenz eines höchsten Wesens, 2. Die Pflicht zu seiner Verehrung, 3. Tugend und Frömmigkeit als wichtigste Bestandteile dieser Verehrung (nicht etwa den Gottesdienst), 4. Die Pflicht, die eigenen Sünden zu bereuen, 5. Die göttliche Vergeltung der Tugend und des Lasters im Diesseits und Jenseits.[3]

Aus Kompetenzgründen betrachte ich hier die philosophische Frühaufklärung, wenngleich Frühaufklärung wie Aufklärung insgesamt weit über Philosophie hinausgreift. Philosophisch setzt die Frühaufklärung in Deutschland, Frankreich, England und den Niederlanden etwa zu gleicher Zeit ein. Allein diese Tatsache sollte uns gegen Auffassungen skeptisch stimmen, die die deutsche Frühaufklärung allein auf westeuropäischen Quellen fußen lassen. Die Eigenständigkeit gilt etwa für Christian Thomasius, wie Rolf Lieberwirth überzeugend nachwies[4], und ebenso schöpft einer der bedeutendsten radikalen Pietisten, Johann Conrad Dippel, aus der deutschen, nicht aus der westeuropäischen Tradition.

Die Frühaufklärung tritt mit unterschiedlichsten Motiven, mit einem höchst divergierenden Adressatenkreis und einem weitgefächerten Programm an. Manche ihrer Vertreter gehen von der subjektiv ehrlichen Überzeugung aus, es gelte das Bestehende zu reinigen und zu festigen, etwa Luthers Reformation unter neuen Bedingungen zu Ende zu führen. Die Berufung auf Autoritäten erfolgt weiter; die traditionelle Vorbildrolle des Aristoteles wird jedoch abgelehnt. Neue Ideen schimmern auf – religiöse Toleranz, Aktivität des Individuums und verstärktes Hervorheben seiner Rolle, Betonen der Verantwortung des Einzelnen zur Diesseitsbewältigung, Ablehnen der Metaphysik und Orientieren auf praktische Philosophie oder Jurisprudenz bzw. Verbinden der Metaphysik mit den damaligen, in der Tat revolutionären Errungenschaften der Naturwissenschaft. Diese Ideen und die sie vertretenden Individuen werden von unterschiedlichen gesellschaftlichen Kräften gestützt. In Deutschland, und nicht nur hier, haben wir eine von weltlichen und theologischen Quellen ausgehende Frühaufklärungsbewegung. Keine kann den Vorrang beanspruchen. Verschiedenste Ansätze überschneiden sich oder schließen sich aus. Aus der Sicht der Erben des Fertigen, wie wir zumeist Aufklärung unter Berufung auf Immanuel Kants berühmte Bestimmung sehen, ist Frühaufklärung auch in Deutschland diffus und widersprüchlich. Die Frühaufklärer fechten untereinander erbitterte Kämpfe aus. Einigkeit besteht lediglich im Kampf gegen das Alte; in dieser Frage schließt man untereinander Bündnisse, die zeitweilige Kompromisse mit Vertretern des Alten nicht ausschließen. Frühaufklärung endet an der Schwelle zur Konsolidierung der Bewegung. Und diese liegt – womit ich vielen Autoren, wie etwa Joachim Streisand oder Eduard Winter widerspreche – in Deutschland nicht erst 1740, sondern im zweiten Dezennium des 18. Jahrhunderts! Christian Wolff kommt das Verdienst zu, der Vollender der deutschen Frühaufklärung und ein Höhepunkt der europäischen Aufklärung zu sein.

Im 18. Jahrhundert wurde Aufklärung das Losungswort, das für die bürgerlichen Bestrebungen in Wissenschaft und Gesellschaft eine organisierende Macht darstellte. Sie diente dem Aufbau einer politisch und ökonomisch gefestigten Sozialordnung der Bourgeoisie und trug entscheidend dazu bei, die sozialen und geistigen Fesseln der Feudalordnung und ihrer ideologischen Machtstütze, der Feudal-Kirche, zu sprengen. Die Aufklärung stützte sich auf frühe ökonomische Erfolge und Erfordernisse des Bürgertums und auf die politische und geistig-theoretische, vornehmlich philosophische Formierung bürgerlicher Schichten seit Beginn der Neuzeit. Sie nutzte aus der Phase des frühen Absolutismus französische, englische und niederländische ideologische Konzeptionen mit relativ großen Entfaltungsmöglichkeiten für die Produzenten materieller Güter und eignete sich weltanschauliche Erkenntnisse und Erfahrungen der vor- und nachrevolutionären Phase in England und den Niederlanden an.

In der Aufklärung wurden – bei aller nationalen Differenzierung – Leistungen des frühbürgerlichen Denkens fortgeführt. Philosophie, Naturwissenschaft, Kunst und Literatur sowie die Sozialwissenschaften waren am Vorbereiten und Verbreiten revolutionären Denkens und revolutionärer Konzeptionen beteiligt. Die Aufklärung als geistige Bewegung erhält durch den politischen Sieg des Bürgertums in England und den Niederlanden entscheidende Impulse und erreicht durch zunehmend frühkapitalistische Methoden und Zielsetzungen in Produktion, Handel und Ideologie eine größere Intensität.

Die Aufklärung berief sich auf die bedeutendsten geistigen Leistungen der Antike und der Renaissance. Ihre besten Vertreter fühlten sich als berufene Nachfahren jener Denker, die von den herrschenden Kirchen vor und nach der Reformation verfemt worden waren. Die Aufklärung postulierte und praktizierte eine schonungslose Prüfung aller „geoffenbarten Wahrheiten", aller bisherigen religiösen, scholastischen und dogmatischen Denksysteme. Sie zerstörte das überkommene religiöse Weltbild, durchbrach mit wissenschaftlichen Methoden, gestützt auf praktische Erfahrungen des jungen Bürgertums und auf die Erkenntnisse der Naturwissenschaft, die Vorstellungen von einer göttlichen und statischen Weltordnung. In diesem Prozeß erfolgte zunächst die Trennung von Vernunft und Glauben, der Konfessionalismus verlor sein Gewicht, damit gewann der Toleranzgedanke dominierende Bedeutung, naturwissenschaftlichem Denken wurde gegenüber kirchlichen Glaubensvorstellungen ein autonomes Wirkungsfeld eingeräumt, und einige der konsequentesten Aufklärer bekannten sich – vornehmlich am Ende dieser Periode – zum Atheismus. Als bedeutendes Ergebnis dieser Entwicklung verbuchte die Aufklärung entscheidende Einsichten in die kausalen und gesetzmäßigen Zusammenhänge der Natur.

Die Aufklärung erprobte in ihren philosophischen, literarischen und wissenschaftlichen Beiträgen Modellvorstellungen von einer humanistischen Sozialordnung. Sie gelangte – in Analogie zu naturwissenschaftlichen Erkenntnissen – zu ersten Einblicken in historische Entwicklungen und Zusammenhänge, zur Überzeugung von der geschichtsverändernden Kraft und Macht des Menschen. Aufklärungsphilosophie war wirklichkeitszugewandter, optimistischer Appell an die menschliche Gemeinschaft.

Ein wesentliches Ziel der Aufklärer war sozialer Fortschritt. Er sollte primär durch Reformen erreicht werden, die in philosophischen und wissenschaftlichen Abhandlungen, Journalen, revolutionären Aufrufen, Monumentalwerken, Flugschriften, Romanen, Gedichten und Bühnenwerken, verfaßt in der jeweiligen Landessprache, propagiert wurden. Die Aufklärer rechtfertigten theoretisch das Emanzipationsstreben vom Feudalsystem. Sie erschlossen mit allen nur erdenklichen publizistischen Mitteln dem gesamten Bürgertum – für dessen aufsteigende Phase Karl Marx und Friedrich Engels im „Kommunistischen Manifest“ nahezu emphatisch-pathetische Würdigungsworte finden[5] – das geistige Mitspracherecht an seiner sozialen Perspektive. In den Ländern mit feudaler Zersplitterung und kleinstaatlich-absolutistischer Interessenteilung, die die ökonomische Machtentfaltung des Bürgertums behinderten, begünstigte aufklärerisches Denken eine entschiedene nationale Programmatik, die wesentlicher Bestandteil des antifeudalen Kampfes wurde. Von der Festigung des menschlichen Selbstbewußtseins, von der Befreiung des Menschen aus traditioneller religiöser Bevormundung führte die durch Phasen ökonomischer, gesellschaftlicher und ideologischer Kontinuität und Diskontinuität charakterisierte Periode zum weltverändernden Bastillesturm in Frankreich und zur schonungslosen Kritik an sozialer Ungerechtigkeit in vielen anderen europäischen Ländern.[6]

Marx und Engels bezeichnen die Aufklärung auch als eine „verdrehte Form“ der „profanen Grundlagen der bürgerlichen Welt“, als „den idealen Ausdruck, das verklärte und von der Wirklichkeit selbst als solches aus sich geworfne reflektierte Lichtbild“ oder als das „idealisierte Reich der Bourgeoisie“.[7] Historisch war die bürgerliche Gesellschaft die Frucht der Aufklärung. Aber das heißt nicht, Aufklärung habe nichts Allgemeinmenschliches vermittelt. Wäre es an dem, würden wir uns nicht den Traditionen der Aufklärer verpflichtet fühlen. Gäbe es keine solchen Invarianten, brauchten wir überhaupt keine Geschichte. Es gibt in der Philosophie ewige Fragen.[8] Jede Periode beantwortet sie auf ihre Weise und jede Epoche trägt zum unendlichen Erkenntnisfortschritt bei, mehr oder weniger ausgeprägt.

Vieles gilt es hinsichtlich der Aufklärung durch die marxistische Philosophie- und Wissenschaftsgeschichte neu zu bewerten. Die philosophiegeschichtliche Erforschung der deutschen Frühaufklärung ist bislang sehr vernachlässigt worden. Die theoretischen Wirkungen der Frühbürgerlichen Revolution in Deutschland werden unterschätzt. Daß eine von ihr (z. B. Reformation und deutscher Humanismus) herkommende Linie direkt in die Aufklärung und dann in die klassische deutsche Philosophie mündet, tritt fast völlig in den Hintergrund. Wer aber das Entstehen der deutschen Frühaufklärung begreifen will, kann an Martin Luthers Wirken und seinen Wirkungen nicht vorbei, ebenso nicht an Erasmus von Rotterdam, den „Linken der Reformation" inklusive Thomas Müntzer. Die „Linken der Reformation", z. T. auch die deutschen Humanisten – Paracelsus sei als Beispiel genannt – führen vornehmlich Mystik und Pantheismus auf ihrem Panier. Mystik ist auch, so sie sich als philosophische Mystik zeigt, Aufforderung zur a k t i v e n Aneignung Gottes. Da aber zur Zeit der Frühaufklärung Gott und Welt im wesentlichen noch in eins gesetzt werden, ist Aufforderung zur Gottähnlichkeit stets zugleich Aufforderung zur Aneignung der Welt, Aufforderung zum Tätigsein. Dieses aktive Moment, von Karl Marx in seiner berühmten ersten „Feuerbach-These" betont, geht im fälschlich pauschal so genannten mechanischen Materialismus des 17. und 18. Jahrhunderts weitgehend unter. Die Substanzvorstellung René Descartes' bedarf dieser schöpferischen Aktivität nicht. Spinoza systematisiert den Pantheismus in einen „ordo geometrico demonstrata". Der Begriff der Freiheit fällt in diesem System der Metaphysik weitgehend zum Opfer. In der Mystik allerdings wird er bewahrt, aber nicht nur in der Mystik allein – auch im Neuplatonismus ist er in der eigentümlichen pantheistischen Verformung progressiver Art vorhanden, die er in der Renaissance erfahren hatte. Kepler publiziert, ausgehend vom Neuplatonismus, schon 1597 sein geniales Jugendwerk „Mysterium Cosmographicum" und bleibt auch später der neuplatonischen Ideenwelt des Proklos verhaftet.[9]

In die Vorgeschichte der deutschen Aufklärung gehören ebenso die Ideen der Rosenkreuzer, eines Gelehrtenbundes am Vorabend des Dreißigjährigen Krieges. Diese Reformbewegung der Intellektuellen wurde von Johann Valentin Andreae inauguriert. Ihr eignet eine mit Pantheismus und Mystik versetzte Philosophie. Die Rosenkreuzerbewegung wirkt nicht nur in Deutschland, sondern auch in Polen, Kurland, England. Die Korpuskulartheorien von Daniel Sennert und seinem Schüler Johannes Sperling, um auf die

Naturwissenschaft zu kommen, regten Joachim Jungius an. Robert Boyle betont, wieviel er den Anregungen dieses zu unrecht fast vergessenen Hamburger Polyhistors verdankt.[10] Die für Deutschland angeblich auch wissenschaftlich finsteren Jahrzehnte von 1550 – 1680 bringen den deutschen Sozinianismus hervor. Ernst Soner sei hier stellvertretend genannt.[11] Er vermittelte vielen bedeutenden polnischen Sozinianern ihre wissenschaftliche Ausbildung. Altdorf (Soners Wirkungsstätte), Wittenberg und Heidelberg waren zeitweilig die bevorzugten Universitäten der polnischen Sozinianer. Der Sozinianismus mündet in den englischen Deismus; bei dem Sozinianer Joachim Stegmann finden wir 1631 die Ideen von John Tolands „Christianity not Mysterious" (1696) wohl unabhängig, aber dennoch fast wörtlich vorgeformt. Primär geht es in Deutschland bis weit ins 18. Jahrhundert um Qualitätsdenken, um pantheistisches Denken, weniger um das durch Messen, Zählen, Wägen und durch Quantitäten gekennzeichnete mechanistische Denken. Der Einfluß von Kavalierstouren, die *peregrinatio academica* kann nicht allein oder primär als Anreger für die deutsche Frühaufklärung namhaft gemacht werden. Sie ist vielmehr vornehmlich auf deutschem Boden entstanden. Wer das leugnet, läßt äußere Widersprüche gegenüber inneren vorherrschen. Das widerspricht dem Geist der Dialektik. Will man sich mit dieser argumentatio ad dialecticam nicht zufrieden geben, so möge man die Fakten studieren. Sie sind reichhaltig vorhanden, allerdings im bürgerlichen wie im marxistischen Bereich ungenügend aufbereitet.

Die Geistesgeschichte allgemein, also auch die Philosophiegeschichte, steht immer wieder vor dem Problem der Periodisierung. Welche Gesichtspunkte sollen für sie bestimmend sein? Werner Bahner stellt fest: „Obwohl die noch oft anzutreffende Einteilung nach Jahrhunderten recht bequem ist, vermag sie auf Grund ihres rein äußerlichen Charakters ebenso nicht zu befriedigen wie die Versuche, eine bestimmte Periode nach einem herausragenden Dichter oder einem Herrscher zu kennzeichnen."[12] Ebenso problematisch wertet er eine Einteilung nach Generationen. Hubert Paul Hans Teesing folgend meint Bahner, es müsse sich „bei den einzelnen Perioden um Zeiträume handeln ..., die in sich relativ einheitlich sind und sich in charakteristischer Weise von anderen unterscheiden. Welche Dauer diese Perioden dabei im einzelnen aufweisen ist weniger von Belang."[13] Dies scheint mir für die Bestimmung der deutschen Frühaufklärung voll zuzutreffen. Ebenso stimme ich Bahner zu: „daß die häufig anzutreffende Gleichsetzung von Aufklärung und ‚Zeitalter der Vernunft' bzw. ‚Age of Reason' nicht gerechtfertigt ist. Die Aufklärungsbewegung war in philosophischer Hinsicht nicht nur rationalistisch, sondern auch sensualistisch orientiert. Dabei manifestierten sich in den einzelnen Ländern verschiedene Strömungen und Phasen."[14]

Was aber ist deutsche Frühaufklärung? Wer vertritt sie in ihren zwei unterschiedlichen Hauptlinien? Für den Forschungsstand ist bezeichnend, daß die Positionen hier in einer Weise divergieren, die mit einer Trennung in bürgerliche und marxistische Herangehensweise allein nicht erklärbar sind.

Orientierend für die Periodisierung der deutschen Frühaufklärung wirkt Bahners Auffassung: „Innerhalb der Ideologiegeschichte bildet die Periode der Aufklärung im allgemeinen einen sich vom Ausgang des 17. bis zu den Anfängen des 19. Jahrhunderts erstreckenden Zeitabschnitt. Die den Beginn und das Ende markierenden Wendepunkte sind bei aller Berücksichtigung der Phasenverschiebungen und spezifisch nationalen Aspekte die auf einem Klassenkompromiß zwischen Adel und Bourgeoisie beruhende englische Revolution von 1688 und die Französische Revolution von 1789.“[15]

Die partielle Eigenständigkeit der deutschen Frühaufklärung ist umstritten. Hier vermag das ganze Spektrum an Auffassungen nicht dargestellt zu werden, ein repräsentativer Überblick ist aber angestrebt.

In bürgerlichen Nachschlagewerken finden sich unterschiedlichste Bestimmungen von Aufklärung. Theodor Mahlmann, Willi Oelmüller und David Harris geben überhaupt keine Bestimmung der Frühaufklärung oder des Beginns der Aufklärung.[16] Nach Horst Stuke „bezeichnet ‚Aufklärung‘ als Epochenbegriff“ eine „in der zweiten Hälfte des 17. Jahrhunderts einsetzende und im 18. Jahrhundert kulminierende europäische Geistesbewegung“. Spezifizierungen fehlen.[17] Nach Jürgen Mittelstraß gilt: „Üblicherweise datiert man den Anfang der A. mit der *querelle des anciens et des modernes,* die in Charles Perraults Akademierede 1687 und seinem ersten ‚Parallèle‘ 1688 ihren Anstoß erhielt und 1715 beigelegt wurde, das Ende der Aufklärung mit der französischen Revolution (1789) als dem eigentlichen Zielpunkt der in aufklärerischem Geiste erfolgten politischen Auseinandersetzung um die Zwecke einer aufgeklärten Gesellschaft. ... Das Zeitalter der Aufklärung zeigt sich als ein volles Jahrhundert in den Grenzen von englischer und französischer Revolution.“[18] Mittelstraß faßt – gleich einigen marxistischen Autoren – die Aufklärung des 17. und 18. Jahrhunderts als „die zweite Aufklärung“, „weil ihr mit dem griechischen vernünftigen Denken bereits Aufklärung vorausgeht.“[19] Wenngleich ich Mittelstraß hinsichtlich seiner Wertung der Aufklärung zustimme, scheint er mir ihre Quellen einzuengen. Sicher ist neuzeitliches Denken „immer beides, Physik (d. h. exakte Naturwissenschaft) und Philosophie, Physik nur eine andere Art, Philosophie zu treiben.“[20] Diese Feststellung ist aber nur haltbar, wenn man sie auf bestimmte Perioden der Aufklärung bezieht oder den mystisch-pantheistischen Strom, Alchemie usw. unter Philosophie oder exakte Naturwissenschaft subsumiert.

Troeltsch, der Leibniz zum „Vater“ der deutschen Aufklärung erklärt,[21] sieht die Anstöße für die Entwicklung der deutschen Frühaufklärung durch England, Frankreich sowie die Niederlande vermittelt. Für Brigitte Burmeister und Eckart Richter sind Holland und England die ersten europäischen Länder, in denen „entscheidende Positionen der Aufklärung bezogen wurden“.[22] Nach Werner Krauss haben „im Zeitalter des Pazifismus gegenüber den kriegerischen Hegemoniebestrebungen der Regierung Ludwig XIV. ... in Frankreich die ersten Regungen der Vor- und Frühaufklärung begonnen,“ die Frühwerke Fontenelles bilden das eigentliche „Tor der Aufklärung.“[23] Burmeister und Richter meinen, Krauss folgend, in Frankreich liege das „Ende der Frühaufklärung (um die Jahrhundertmitte).“[24] Dies wird hier nur erwähnt, weil derartige Periodisierungen per analogiam auch auf Deutschland angewandt werden. Faßt man, wie Agatha Kobuch, Sachsen als „ein Kernland der bürgerlichen Aufklärung“ in Deutschland,[25] so ist das zwar für Sachsen schmeichelhaft, aber nicht zutreffend. Halle lag in Preußen, die Frühaufklärer mußten Leipzig wegen der Opposition der herrschenden Orthodoxie fluchtartig verlassen. Ein gleicher Rang für das Entstehen der deutschen Frühaufklärung wie Halle kommt Hamburg zu, aber auch Berlin, wobei hier allerdings der Einfluß der Hugenotten zu berücksichtigen ist.[26] Zusammenfassende Untersuchungen fehlen für Deutschland, doch G. Mühlpfordts These von Sachsen als dem deutschen Kernland der Frühaufklärung-der Agatha Kobuch folgt, ist problematisch, wenn nicht sogar vereinseitigend.[27]

Max Wundt setzt das Ende der Frühaufklärung mit Wolffs „Praelectionum Wolfianarum in mathesin et philosophiam universam“ (1718).[28] Friedrich Paulsen läßt das „Zeitalter der Aufklärung“ etwa vom Regierungsantritt Friedrichs II. von Preußen (1740) bis zum Todesjahr des Habsburgers Joseph II. (1790) oder auch bis zum Zusammenbruch des alten deutschen und preußischen Staatswesens in den Napoleonischen Kriegen dauern.[29]

Eine Darstellung der Aufklärung sollte auch die Breitenwirkung in ihrer Frühzeit beachten. Sie war im Pietismus mit seinen unterschiedlichen Fraktionen viel umfassender als bei den Vertretern der weltlichen Aufklärung. Nach dem bekannten Junghegelianer Bruno Bauer „bearbeitete“ der Pietismus „das Volk soweit, daß es von nun an jeder neuen Strömung des Zeitgeistes folgen konnte.“[30] Karl Biedermann, dem Deutschland infolge des Dreißigjährigen Krieges noch zu Beginn des 18. Jahrhunderts hinter England, Frankreich und den Niederlanden zurückzustehen scheint[31], sieht den Pietismus als bürgerliche Erscheinung, betont aber seinen Einfluß auf Vertreter aller Klassen und Schichten. Eine Einheit von Aufklärung und Pietismus sei bis zur Gründung der Universität Halle zu konstatieren: „An der Wiege der jungen Universität ... reichten sich Rationalismus und Pietismus die Hand. Der Pietismus brachte das Gewicht seines, nun schon über ganz Deutschland verbreiteten Einflusses der jungen Anstalt als Mitgabe zu und gewann dafür durch sie den Rückhalt einer anerkannten, mit öffentlicher Autorität bekleideten wissenschaftlichen Corporation. Die Epoche seines Kampfes um die Existenz gegen die erdrückende Gewalt des Alten, zugleich aber auch die seines frischesten Aufstrebens, war damit für ihn geschlossen."[32]

Wilhelm Schmidt-Biggemann hält Beginn wie Ende der deutschen Frühaufklärung für problematisch.[33] Rudolph Zaunick, der die erste deutsche Übersetzung von Tschirnhaus' „Medicina mentis" initiierte, schreibt in der Einleitung dazu: „Zwei Deutsche waren es, die diese neue geistige Atmosphäre in Westeuropa einatmeten, die bewußt an diese neue fortschrittliche Philosophie („Männer wie Mersenne, Geulincx, Pascal, Descartes, Malebranche, Bacon, Hobbes und insbesondere Spinoza" – S. W.) anknüpften und damit zu den Begründern einer neuen deutschen Philosophie der Frühaufklärung wurden: es waren Leibniz und Tschirnhaus." Und er setzt fort: Zudem leitet „Christian Thomasius, . . . etwa gleichzeitig mit Tschirnhaus die deutsche Philosophie der Aufklärung ein . . ., allerdings in popularphilosophischer Weise, während Tschirnhaus wissenschaftlicher Philosoph ist."[34]

Damit ist das Spektrum der Auffassungen zu Periodisierung, Inhalt und Wurzeln der deutschen Frühaufklärung noch keineswegs erschöpft. Fritz Valjavec läßt den Humanismus zur „sogenannten Frühaufklärung" überleiten, „die sich weit bis ins 17. Jahrhundert erstreckte. . . . Im späten 17. Jahrhundert wurde die Frühaufklärung durch die eigentliche Aufklärung abgelöst."[35] Nach Fritz Brüggemann fällt die Frühaufklärung in Deutschland in die Zeit von 1690 bis 1710 bzw. 1720, und er erkennt Christian Thomasius die Vaterschaft zu.[36] Tschirnhaus wird als Vertreter der deutschen Frühaufklärung zumeist der Vergessenheit anheimgegeben, so etwa in dem bedeutsamen Werk von Paul Hazard „Die Krise des europäischen Geistes 1680–1715" (Hamburg 1939). Rudolf Vierhaus stellt an den Anfang der Aufklärungsphilosophie in Deutschland „Samuel Pufendorf, Christian Thomasius und jene an Einfluß weit überragend, Christian Wolff in Halle."[37] Tschirnhaus findet keine Erwähnung, auch für Vierhaus ist die Aufklärung in Deutschland erst später als in England, Frankreich und den Niederlanden zur Wirkung gekommen, eigentlich erst nach 1763.[38] Kuno Fischer sieht „Leibniz' Theismus . . . die theologischen Begriffe der deutschen Aufklärung" beherrschen; seine Philosophie bilde den Keim der deutschen Aufklärung.[39] Auch Hans Matthias Wolff bezeichnet Christian Thomasius als Begründer der deutschen Aufklärung, aber 1720 ist für ihn ein Datum, das noch „vor der vollen Entfaltung der Frühaufklärung steht."[40] Ebenso sieht Werner Schneiders in Christian Thomasius den „Hauptinitiator der Aufklärung in

Deutschland", während der nur wenig ältere Leibniz noch zutiefst der überlieferten Philosophie verbunden bleibe.[41] Auch von Werner Schneiders wird Tschirnhaus nicht erwähnt. Max Wundt hingegen zählt Leibniz wie Christian Thomasius zu den Protagonisten der deutschen Frühaufklärung.[42]

Johannes Verweyen hat in seiner Bonner Dissertationsschrift von 1905 Tschirnhaus als „den ersten Vertreter der deutschen Aufklärung" bezeichnet.[43] Eduard Winter, der sich in unserem Jahrhundert – neben Kurt Reinhardt – wohl am intensivsten mit Tschirnhaus beschäftigt hat, ist dem Urteil des späteren Bonner Ordinarius für Philosophie stark verpflichtet. Gottfried Arnolds Name, der „mit dem Radikalismus und der Geschlossenheit seiner wagemutigen Gedanken den Pietismus weit hinter sich läßt", gehört nach Krauss „auf die erste Seite einer jeden geschichtlichen Darstellung der deutschen Aufklärung."[44] Auch Joachim Streisand schätzt den Pietismus, vor allem Gottfried Arnold sehr hoch, läßt aber die Frühaufklärung in Deutschland erst Mitte des 18. Jahrhunderts enden.[45] Bei Wilhelm Dilthey dagegen erstreckt sich die Renaissance bis auf Leibniz – er sei ihr Vollender.[46] Eduard Winter verstand unter Frühaufklärung „die über ein Jahrhundert (ungefähr von 1650 bis 1750) währende Hinführung zur Hochaufklärung."[47] Dies erscheint mir ebenso problematisch wie Winters Subsumierung der Frühaufklärung unter dem Sammelbegriff „Konfessioneller Absolutismus"[48], womit er Karl Eder folgt.

Es entsteht der Endruck, als folgten manche Marxisten unbewußt der „von Troeltsch, Horst Stephan, Heinrich Hoffmann, zum Teil auch Wernle u. A. vertretene(n) Ansicht, als ob der sogenannte Pietismus wesentlich als eine selbständige, nämlich rückläufige, die Anregung der Reformation aufnehmende und womöglich die Reformation fortsetzende, die sogenannte Aufklärung dagegen wiederum als eine selbständige, dem Pietismus entgegengesetzte, vorwärtsdrängende und so für das 18. Jahrhundert eigentlich bezeichnende Bewegung zu verstehen sei".[49] Gegen diese bereits traditionsreiche Ansicht setzt Karl Barth die sogar noch ältere Auffassung von Ferdinand Christian Baur und Albrecht Ritschl, wonach „Pietismus und Aufklärung in ihren Ursprüngen und Spitzen deutlich genug zusammenhängen, um das Urteil zu erlauben, daß wir es in ihnen mit zwei Gestalten des einen Wesens, des durch den Geist des 18. Jahrhunderts geformten Christentums zu tun haben, mit zwei Gestalten, die der Reformation beide gleich nahe und gleich fern standen."[50] Die Aussage, Aufklärung und Pietismus seien zwei Metamorphosen des Christentums im 18. Jahrhundert, kann man anzweifeln; der Marxist kann sie durchaus auch, recht verstanden, übernehmen! Auf jeden Fall ist die Linie Baur – Ritschl – Barth historischer, der Wahrheit näherkommend als die erstgenannte. Barth erkennt aber auch die Kehrseite des Pietismus: „Der Pietismus ist in seiner Grundform . . ., im sozusagen ursprünglichen Pietisten, Individualismus. Der ursprüngliche Pietist – das will nicht sagen: der älteste Pietist ... Gemeint ist also: der das Wesen dieser Sache eigentlich, original vertretende Pietist."[51]

Auch für mich ist Philipp Jakob Spener der „Vater" des Pietismus. Der Kirchenhistoriker Johannes Wallmann meint: „Unsere kirchengeschichtlichen Lehrbücher, die Lexika und auch die beiden neuen Gesamtdarstellungen der Geschichte des Pietismus von Martin Schmidt und Erich Beyreuther nennen Spener den Begründer des Pietismus mit einer Selbstverständlichkeit, die keine Infragestellung erwarten läßt. ‚Als Beginn des Pietismus muß die Veröffentlichung von Speners Pia Desideria gelten (1675)'. So unser maßgebendes theologisches Nachschlagewerk ‚Die Religion in Geschichte und Gegenwart'. Eine Begründung für dieses ‚muß' braucht nicht gegeben zu werden. Vor Spener gibt es allenfalls ‚Vorbereitende Kräfte' (Martin Schmidt) oder ‚Wegbereiter des Pietismus' (Erich Beyreuther). Dabei denkt man an Männer wie Johann Arndt, Johann Valentin Andreä, Christian Scriver. ‚Pietismus' gibt es erst bei Spener."[52] Die Inanspruchnahme der genannten „Wegbereiter" halte ich für problematisch, kann aber darauf hier nicht eingehen.

Nikolao Merker gibt aus marxistischer Sicht eine Wertung der deutschen Aufklärung, wobei er von den Jahren 1729 – 1781, den Lebensdaten Gotthold Ephraim Lessings ausgeht. Die besondere Betonung des theologischen Elements in dieser Aufklärungsperiode ist ihm Ausdruck einer „rechts"gerichteten Argumentationskomponente. Er unterscheidet für die deutsche Aufklärung eine von Hegel ausgehende Interpretationslinie, eine Linie des Neukantianismus bis Ernst Cassirer und eine Linie, die meint, daß „die Aufklärung die zentralen theologischen Prinzipien des Christentums wieder bestätige und damit die ‚Rechte der Vernunft' bedeutend einschränke."[53] Als Kronzeugen nennt er Carl Friedrich Stäudlin, Immanuel Hermann Fichte, Max Wieser, Benno von Wiese, Wolfgang Philipp, Ludwig Noack, Kurt Schilling, Johannes Hirschberger. Für die linksgerichtete Aufklärungsdeutung – dabei gibt es mannigfache personelle Übergänge – stehen die Hegelsche Linke (Bruno Bauer, Edgar Bauer, Karl Friedrich Köppen), Ludwig Feuerbach, Georg Gottfried Gervinus, Hermann Hettner, J. Scherr, Georg Steinhausen, Adolf Stahr, Carl Justi, Bernhard Groethuysen, Friedrich Albert Lange, Fritz Mauthner. Natürlich sind für die Aufklärung unterschiedliche Interpretationen möglich. Aber die Frühaufklärung in Deutschland ist ohne die theologische Komponente nicht voll erklärbar. Am Pietismus in seiner Frühzeit und in seinen unterschiedlichen Gruppierungen kann der Marxismus nicht negativ wertend vorbeigehen. Da die Frühaufklärung in Deutschland von Merker zwar erwähnt, aber als sekundär gefaßt wird, erfährt sie keine sachgemäße Behandlung.

Bis in die 30er Jahre unseres Jahrhunderts gilt der Pietismus, auch der radikale Pietismus, als parallel zur Frühaufklärung bestehendes Phänomen. Er wird auch als eine Vorform der Frühaufklärung verstanden oder allein als theologisches Problem behandelt. Dafür seien wieder einige Beispiele genannt.

H. Stephan sieht von allen Seiten her die pietistischen Entwicklungslinien in den Strom der Aufklärung einmünden.[54] F. Brüggemann bezeichnet auch August Hermann Francke „als Vertreter der jungen Aufklärung."[55] Für Rudolf Vierhaus ist der Pietismus eine Parallelbewegung zur Aufklärung.[56] Max Wundt dagegen begründet die Verbundenheit des Pietismus mit der Frühaufklärung.[57] Nach Bruno Bauer war unter den Pietisten lediglich Gottfried Arnold „für die Geschichte der Cultur und der Wissenschaften" von Bedeutung. Das Urteil dieses formulierfreudigen Junghegelianers klingt vernichtend: „Der Pietismus kam altersschwach auf die Welt und sein Betragen war auch danach. Eine Sache herzhaft angreifen und behandeln war ihm unmöglich, er konnte nur pretentiöse Fingerzeige geben, gegen die Welt poltern oder mit selbstgefälliger Schwatzhaftigkeit . . . seine kleinlichen Erfahrungen der Gnade Gottes vortragen. Für die Erweiterung des Volksbewußtseyns oder für den Fortschritt in den Wissenschaften haben die Häuptlinge des Pietismus Nichts gethan und die Wahrheit, durch die sie Epoche machten, schrumpfte in ihren Händen bald ein."[58] Diese Sätze, so bildhaft und verführerisch eingängig sie auch sind, treffen für den Pietismus der ersten zwei Generationen nicht zu. Heinrich Hoffmann geht 1906 vom Gegensatz zwischen Aufklärung und Pietismus aus: „Während bei der Reformation und dem Pietismus die Religion im Zentrum des Interesses stand, ist die Aufklärung eine weltliche Bewegung, die im Kampf gegen die herrschende kirchliche und theologische Kultur emporkam."[59]

Die einzeln herangezogenen Daten und Fakten all dieser Wertungen sind unbestreitbar, aber die Tatsachen schließen sich nicht unbedingt aus. Problematisch sind die referierten Auffassungen teilweise durch ihre gezeigte Ignoranz, teilweise durch ihr Pauschalurteil.

Seit den Dreißiger Jahren gelangte die Forschung zunehmend zu der Einsicht, daß Pietismus und Aufklärung sich nicht entgegen-, sondern einander zugearbeitet haben.[60] Der Kern gemeinsamer Intentionen wird in der Selbstbestimmung des menschlichen Subjekts gesehen. Der Pietismus gilt als ein Wegbereiter des neuzeitlichen Individualismus. Schon seit den 20er Jahren wurde mit wechselnder Akzentuierung die Säkularisationsleistung des Pietismus betont, die Hand in Hand gegangen sei mit einer zunehmenden Orientierung an Problemen des praktischen Lebens. Sie zu lösen habe weltlichen Frühaufklärern wie Pietisten gleichermaßen am Herzen gelegen. Beide hätten trotz aller Unterschiede in der Geschichtsauffassung Schulter an Schulter gegen die Mächte des Alten gekämpft, sich ein neues Verständnis über die Funktionen der Kirche, das soziale Leben und das darauf bezogene tätige Christentum erarbeitet. Martin Schmidt interpretiert den Pietismus des 18. Jahrhunderts als eine ursprünglich revolutionäre Bewegung nicht nur im religiösen, sondern auch im politischen Sinne. Tadeusz Namowicz verweist auf die aufklärerischen bürgerlichen und plebejischen Tendenzen des Pietismus. Hermann Bößenecker bezeichnet den Pietismus sogar als „die verborgene Seele der Aufklärung“.

In vier Punkten sei das Neue am Pietismus zusammengefaßt,[61] das allerdings nur den Pietismus der ersten zwei Generationen auszeichnete. Zudem hat es den Pietismus nie gegeben; er war stets nur ein höchst vager Oberbegriff, dessen genauere Untersuchung verschiedenste Strömungen ergibt – auch hinsichtlich der folgenden Punkte:

1. Er ist Protest gegen die verderbten Sitten der Gesellschaft, gegen die Kluft, die sich zwischen dem öffentlich bekannten Christentum, der Lehre, und dem Lebenswandel herausgebildet hat. Zur Überwindung dieser Kluft werden Mittel auch außerhalb der Religion, etwa in der Pädagogik, gesucht.

2. Die Sakramente verlieren gegenüber dem individuellen und kollektiven Lesen der Bibel an Einfluß. Es geht um die individuelle Aneignung der christlichen Botschaft und Gottes.

3. Während im Luthertum des 17. Jahrhunderts die ständige Bezugnahme auf das „sola-fide“- Prinzip von jeder wirklichen Anstrengung enthob, ist der Pietismus vom Vollkommenheitseifer durchdrungen. Voraussetzung für diesen Eifer ist aber ein Erlebnis: die Wiedergeburt oder die Geburt des Neuen Adam, durch die sich die göttliche Gnade manifestiert. Dieser Aspekt ist am Pietismus am heftigsten kritisiert worden. Die Wiedergeburt leitet ein neues Leben ein. Sie führt auch auf die Ankunft des Reiches Gottes hin, auf Chiliasmus, den Grundbegriff für viele oppositionelle Bewegungen. Der Chiliasmusgedanke ist schon bei Philipp Jakob Spener stark ausgeprägt, der zeitlebens zu radikalen Pietisten im freundschaftlichen Verkehr steht – so zu Johann Wilhelm und Johanna Eleonora Petersen. Beide werden von Vertretern der lutherischen Orthodoxie, wie Johann Benedikt Carpzov, Johann Friedrich Meyer, Hartwig Bambinus der Vorbereitung eines „Müntzerschen Aufstandes“ bezichtigt.[62]

4. Die Dogmenstreitigkeiten haben weitgehend an Bedeutung verloren. Daraus ergibt sich eine veränderte Funktion des Pfarrers. Seine vorrangige Aufgabe ist es nicht mehr, die Sakramente zu erteilen und die von Ketzerei gereinigten Glaubenssätze zu übermitteln, er hat vielmehr die Gläubigen zur Bekehrung und dann zur Neugestaltung der Sitten aufzufordern. Ziel der Predigt wird die Aufrichtung und Erschütterung der Herzen. Daraus resultiert auch eine neue Bestimmung des Wortes Frömmigkeit.

Ernst Cassirer hält es für unzulänglich und fragwürdig, die Aufklärung als eine in ihrer Grundtendenz irreligiöse und glaubensfeindliche Epoche zu betrachten. „Denn eine solche Betrachtung läuft Gefahr, gerade ihre höchsten positiven Leistungen zu verkennen. . . . Die stärksten gedanklichen Impulse der Aufklärung und ihre eigentliche geistige Kraft sind nicht in ihrer Abkehr vom Glauben begründet, sondern in dem neuen Ideal der Gläubigkeit, das sie aufstellt, und in der neuen Form der Religion, die sie in sich verkörpert."[63] Ich vermag Cassirer nicht gänzlich zu folgen. Aber man muß den Wert seiner Einschätzung für die Frühaufklärung zu erkennen suchen, zumal zu einer Zeit, da wir im Marxismus um die Neubewertung einer Reihe von Problemen wie Trost, Hoffnung und Glaube ringen.

Ich möchte die Frühaufklärung in Deutschland von 1675 bis 1718 bzw. 1723 datieren. 1672 erscheint Samuel Pufendorfs Hauptwerk „De jure naturae et gentium" und 1675 die „Pia desideria" von Philipp Jakob Spener, die Geburtsurkunde des Pietismus. Spener und sein Schüler, August Hermann Francke, der Begründer des Halleschen Pietismus, repräsentieren diese Bewegung, die etwa zwei Generationen hindurch aufklärerisch wirkt. Ihre theologischen Grundprämissen sind unverkennbar. Aber gleiches findet sich in der Frühaufklärung Englands oder Frankreichs, es ist kein deutsches Spezifikum. Der Pietismus ist zudem, es sei wiederholt, keine Einheit. Ein wesentlicher Zug aller Pietisten ist, daß sie, abgesehen von der Forderung nach Veränderung in der Kirche, auf die Entwicklung der Gesellschaft orientieren. Generell bemüht sich der Pietismus zunächst mit drei Problemen fertig zu werden:

1. Er sucht gegen die Zeittendenz anzugehen, sich von allen Konfessionen abzuwenden, weil deren Zerwürfnisse dreißig Jahre Krieg und Zerstörung ausgelöst hätten. Demgegenüber bekennt sich der Pietismus zu einem reformatorisch verstandenen Christentum. Dieses „reformatorisch" sollte man in seiner ganzen Tiefe ausloten!

2. Er ist bestrebt, einem an den äußeren Formen des landesfürstlichen Regiments verzweifelnden Kirchenvolk die Gemeinde als urchristliche Lebensform wieder vor Augen zu führen. Das heißt gleichzeitig Rückgang auf den jungen Luther, dessen Gemeindeprinzip in seinen späten Lebensjahren weitgehend dem Territorialprinzip geopfert wurde.

3. Er geht gegen den in dieser Zeit weit verbreiteten Pessimismus an. Spener und nach ihm Francke – bzw. beider frühe Anhänger und Schüler – propagierten die Zuversicht, die von Jesus verheißenen „besseren Zeiten" würden bald kommen, wenn nur die Christen an ihrem Heil und am Heil der Welt mitwirken wollen. So wird vom Pietismus ein Aktivismus gepredigt und praktiziert, der letztlich dem kapitalistischen Erwerbsstreben entsprach und gesellschaftlich progressiv war.

Der Pietismus umfaßte im Laufe der Zeit Angehörige aller sozialen Klassen und Schichten, vom armen Bauern bis zum Hochadel. Zwischen Mystik bzw. mystischem Pantheismus und Pietismus bestehen von vornherein Bezüge. Bei den Pietisten müssen „rechte“ und „linke“, heterodoxe bzw. radikale und orthodoxe Pietisten unterschieden werden. Auch hier ist der Übergang oft fließend. Bevor der Pietismus selbst verknöchert – ein Prozeß, der schon unter August Hermann Francke während der Regierungszeit des Preußenkönigs Friedrich Wilhelm I., also nach 1713 beginnt – übt er einen nachhaltigen progressiven Einfluß auf die geistige Entwicklung in Deutschland aus. Auf die ökonomische Bedeutung des Pietismus, primär des Halleschen, sei hier nur hingewiesen.

Die „radikalen“ Pietisten wurden selbst von ihren orthodoxen Gesinnungsgenossen scharf angegriffen und verfolgt. Sie antworteten mit gleicher Schärfe in Wort und Schrift. Beim radikalen Pietismus tritt an die Stelle der kirchlichen Vermittlung des Christentums die unmittelbare mystische Verbindung von Christus und Mensch. Das Christentum, Christus, muß im Menschen geboren und lebendig werden. Es reicht also weder das Bekenntnis des Dogmas, noch das Bekenntnis der Historie von Christus. Der innere Christus ist an keine Konfession, an kein kirchliches Medium, auch nicht an die Bibel gebunden. Wo sich tätige Menschenliebe zeigt, da ist Christus. Die Früchte der inneren Wiedergeburt zeigen sich unter Vertretern aller Konfessionen. Deshalb ist der „äußere“ Christus, der von Gottlosen wie Frommen bekannt werden kann, unnütz. Im radikalen Pietismus wird die Sozialkritik bis zu urchristlichen Gleichheitsvorstellungen gesteigert. Versuche zu ihrer Realisierung werden unternommen. Damit verbindet sich radikaler Chiliasmus. Zu den hervorragendsten Vertretern des radikalen Pietismus gehören Gottfried Arnold, Johann Conrad Dippel, Friedrich Breckling, Johann Georg Gichtel, das Ehepaar Johanna Eleonora und Johann Wilhelm Petersen u. a. Theodor Großgebauer, Christian Hoburg, Joachim Betke und weitere Vertreter oppositionellen Denkens sind wesentliche Quellen Speners und August Hermann Franckes.[64]

Neben der pietistischen Linie der deutschen Frühaufklärung gibt es die sog. weltliche Linie. Wenn der Pietismus hier zuerst erwähnt wurde, so geschah das u. a. wegen seines Masseneinflusses. Auch die weltliche Linie bildet sich in den 70er und 80er Jahren des 17. Jahrhunderts heraus. Als ihre Hauptakteure seien stellvertretend genannt: Ehrenfried Walther von Tschirnhaus, Samuel von Pufendorf, Christian Thomasius, Gottfried Wilhelm Leibniz und Christian Wolff. Auch die weltlichen Frühaufklärer gehen von unterschiedlichen Quellen aus, befehden sich untereinander, wie es das Beispiel der Kontroverse zwischen Tschirnhaus und Thomasius belegt. Einige Anliegen und Merkmale sind ihnen aber gemeinsam:

1. Der Kampf um die Freiheit der Philosophie bzw. Wissenschaft von der Theologie.

2. Der Kampf gegen den Konfessionalismus bzw. um religiöse Toleranz, die zur Idee der universellen Toleranz fortgeführt wird.

3. Ein zumeist deistisches Gottesverständnis, wie überhaupt der Deismus in der Aufklärung vorherrscht (auch in Frankreich).

4. Die Suche nach einer Methode, die den Erfordernissen der neuen Naturwissenschaft entspricht; Philosophie wird als Methodenlehre und praktische Philosophie verstanden, darauf zielend, die Menschen glücklich zu machen. Daneben gibt es, Leibniz und Tschirnhaus stehen dafür als Beispiel, Bemühungen um die Weiterentwicklung der Metaphysik.

5. Das vorläufige Dominieren des Rationalismus, was aber nicht in der Mystik gilt. Es sei nochmals darauf hingewiesen, daß die Mystik in der weltlichen (Thomasius, Leibniz) wie in der pietistischen Aufklärung keine geringe Rolle spielte. Diese Tatsache sollte uns vorsichtig machen gegenüber der abstrakt-generalisierenden Behauptung, Träger des Aufklärungsdenkens sei der Empirismus bzw. Sensualismus, der den metaphysischen bzw. speziell cartesischen Rationalismus verdrängt habe.[65] Der Gegensatz zwischen Rationalismus und Empirismus wird erst durch d'Alembert bzw. durch Immanuel Kant einer ersten Klärung zugeführt. Zuvor aber bestimmte er die Szene des philosophischen Denkens im 17. und 18. Jahrhundert – auch in der deutschen Frühaufklärung. Dabei läßt sich die Zuordnung eines Denkers dieser Zeit zu Rationalismus oder Empirismus häufig nicht eindeutig vornehmen.

6. Das Eingehen eines engen Bündnisses mit der progressiven Naturwissenschaft der Zeit, vornehmlich der Mathematik und Mechanik. Zeitweilig verbünden sie sich auch mit dem Pietismus, bzw. dem radikalen Pietismus (und umgekehrt).

7. Den Aufklärern erscheint die persönliche Überzeugung nun wichtiger als die übernatürliche Rettung. Die menschliche Vernunft tritt an die Stelle der göttlichen Offenbarung; das menschliche Leben erscheint nicht mehr vorrangig oder allein als Vorbereitung auf die Ewigkeit, sondern als Selbstzweck.[66]

8. Der Dogmatismus, gefaßt als uneingeschränkte Anhängerschaft an ein bestehendes philosophisches System bzw. dessen Begründer, wird abgelehnt, dafür Eklektizismus gesetzt und praktiziert.

In der deutschen Frühaufklärung bildet sich ein zum Materialismus tendierender, Materialismus vertretender bzw. vorrangig am materialistischen Pantheismus orientierter Flügel heraus. Dazu gehört Gabriel Wagner, auch Realis de Vienna genannt. Für ihn ist nichts früher als die Natur, weder Geist noch Gott. Ebenso gehört in diese Linie Friedrich Wilhelm Stosch. 1692 erschien sein Buch „Concordia rationis et fidei sive Harmonia Philosophiae Moralis et Religionis Christianae". Es erregte ob seines pantheistischen und materialistischen Einschlags den höchsten Unwillen, wenn nicht gar das Entsetzen der kirchlichen Orthodoxie. Stosch sowie der Drucker kamen ins Gefängnis, jeder, der das Buch besaß oder von seinem Besitze wußte, sollte 500 Taler Strafe zahlen. Wer es gar verkaufte, sollte den Staupbesen bekommen, so wurde es von den Berliner Kanzeln verkündet. Eine Untersuchungskommission „in Sachen Stosch" wurde eingesetzt, der so bekannte – auch als Aufklärer bekannte – Männer wie Samuel von Pufendorf, Ezechiel von Spanheim, Daniel Ernst Jablonski, Philipp Jakob Spener u. a. angehörten. 1694 widerrief Stosch und sein Buch wurde in Berlin durch den Henker verbrannt.

Stosch suchte in seinem Buch die Rechte der Vernunft dem Glauben gegenüber zu sichern. Er meinte noch, dies könne durch eine „Harmonie", durch ein gleichberechtigtes Nebeneinander von Glauben und Vernunft erfolgen. Stosch lehnt den Trinitätsglauben, als der Vernunft widersprechend, ab. Gott ist die einzige Substanz, die alles in sich enthält; er ist letztlich nichts anderes als die Welt selbst. Der Mensch ist ein Teil der Natur, eine Modifikation der einen Substanz. Das Denken beruht auf feinen materiellen Vorgängen im Gehirn. Die Immaterialität der Seele wird ebenso wie die Unsterblichkeit bestritten. Auf Spinoza fußt Stoschs Affektenlehre, wesentlich Descartes sind seine Auffassungen über den menschlichen Körper geschuldet. Tugendhaft ist, wer im Sinne der Vernunft, schlecht, wer ohne oder gegen die Vernunft handelt. Der Religion bedarf es dazu nicht. Die Bibel sei in vielem mangelhaft, enthalte viel Widersprüchliches, und vermittele keine wissenschaftlichen Erkenntnisse. Religion sei eigentlich nur erforderlich für jene, die ihre Vernunft nicht recht zu gebrauchen wissen. Universelle Toleranz in Religionsdingen wird gefordert. Stosch bekennt sich unter Berufung auf P. Gassendi zur Atomtheorie und vertritt die Ewigkeit der Welt.[67]

Auf Hauptvertreter der weltlichen Frühaufklärung, wie Pufendorf, Christian Thomasius und Leibniz, auf ihr widersprüchliches Verhältnis zum Pietismus, kann hier nicht näher eingegangen werden. In der DDR haben sich besonders Gertrud Schubart-Fikentscher und Rolf Lieberwirth um Thomasius verdient gemacht. Ebensowenig kann hier geklärt werden, inwiefern und mit welchen Arbeiten Gottfried Wilhelm Leibniz zur Frühaufklärung zu zählen ist. Ausgespart bleibt auch eine Charakterisierung „des" Pietismus. Die bürgerliche Literatur zu diesen Persönlichkeiten und Strömungen ist reichhaltig, die marxistische philosophische Literatur weist hierzu noch erhebliche Lücken auf.

Abschließend seien nochmals die fünf Hauptrichtungen genannt, die nach meiner Auffassung die deutsche philosophische Frühaufklärung bestimmen:

I. Der von Philipp Jakob Spener begründete Pietismus und seine Weiterführung im Halleschen Pietismus, vorrangig durch August Hermann Francke (bis Anfang der zwanziger Jahre des 18. Jahrhunderts);

II. Der radikale Pietismus mit seinen mannigfachen Spielarten;

III. Die vorrangig an Metaphysik und moderner Naturwissenschaft der Zeit orientierte Philosophie von Gottfried Wilhelm Leibniz und Ehrenfried Walther von Tschirnhaus und ihrer Schüler;

IV. Die vorrangig an praktischer Philosophie und Jurisprudenz orientierten Ideengebäude von Samuel Pufendorf, Christian Thomasius und ihrer Mitstreiter.

V. Der zum materialistischen Pantheismus bzw. zum Materialismus tendierende „linke" Flügel der weltlichen Aufklärung.

Ob diese Gruppierung vollständig bzw. schlüssig ist, bleibt näher zu untersuchen. Jedenfalls nimmt von Tschirnhaus, der „erste deutsche Spinozist", innerhalb der deutschen Frühaufklärung eine bedeutende und originäre Stellung ein.

II.

Die klassischen Arbeiten über Spinozas Einfluß auf Deutschland stammen von Leo Bäck und Max Grunwald.[68] Sie sind auch heute noch für jeden unentbehrlich, der sich mit der Wirkgeschichte Spinozas in Deutschland beschäftigt. Schon Spinozas „Tractatus theologico-philosophicus" hatte seine Gegner in Deutschland zu Schmähschriften animiert; Jakob Thomasius, Friedrich Rappolt, Johannes Musaeus wandten sich 1670 bzw. 1674 gegen Spinozas Toleranzideen. Als 1677 die „Opera posthuma" des großen Niederländers erschienen, wandte sich die Kritik in Deutschland seinem Gesamtsystem, vornehmlich aber seiner „Ethik" zu. Auch in Deutschland wirkte das antispinozistische Werk Pierre Poirets, den Christian Thomasius schätzte und dessen „De Eruditione Triplici, Solida, Superficiaria et Falsa. Libri tres" Thomasius 1694 und 1708 mit einem Vorwort herausgab. Aber erst 1692 erscheint die erste förmliche Widerlegungsschrift Spinozas in Deutschland.[69] Diese Literatur nahm dann immense Ausmaße an. Trinius nennt 1759 129 Autoren, „die sich zu Gegnern des Spinoza in öffentlichen Schriften aufgeworfen." Von den aufgezählten Schriften sind – von denjenigen ohne Angabe des Druckortes abgesehen – in Deutschland 63 erschienen, zu denen noch drei Übersetzungen von ausländischen Werken hinzugerechnet werden können.[70]

Das erste Werk eines Deutschen, das sich, wenn auch mit der zeitbedingten Vorsicht, zu Spinoza bekannte, war Ehrenfried Walther von Tschirnhaus' „Medicina mentis", deren erste Auflage 1687 in Amsterdam erschien. Ehrenfried Walther von Tschirnhaus zählt neben Leibniz zu den Bahnbrechern der deutschen Aufklärung. „Seine Bedeutung war bereits zu seinen Lebzeiten durchaus klar, und auch das 18. Jahrhundert zählte ihn bereits willig zu seinen großen Wegbereitern."[71] Dann aber ist dieser große deutsche Denker zu Unrecht in Vergessenheit geraten. Sein philosophisches Hauptwerk „Medicina mentis" erschien erstmalig 1963 in deutscher Sprache. Entsprechend der Anlage unserer Arbeit kann auf Tschirnhaus' Leben, Wirken und Leistung hier nur andeutend eingegangen werden.

Ehrenfried Walther von Tschirnhaus wurde am 10. April 1651 in Kieslingswalde in der Oberlausitz geboren. Er entstammt einem alten Adelsgeschlecht. Mit 15 Jahren bezog er das Gymnasium der 12 km westlich gelegenen Stadt Görlitz. Die Oberlausitz unterhielt damals vielfältige Beziehungen zu den Niederlanden. Tschirnhaus ließ sich im Frühjahr 1669 an der Juristischen Fakultät der Leidener Universität immatrikulieren. Daneben bezeugte er großes Interesse für Mathematik und Naturwissenschaften. Über seinen Freund Pieter van Gent kam Tschirnhaus mit Spinoza in Berührung. In den Jahren 1674 und 1675 gehörte er zum engeren Freundeskreis Spinozas.[72]

Als Tschirnhaus Spinoza kennenlernte, hatte dieser bereits seinen „Theologisch-politischen Traktat" veröffentlicht. 1672 hatte Karl I. von England den Niederlanden den Krieg erklärt. Im gleichen Jahr begab sich der französische König Ludwig XIV. mit einem großen Heer nach Norden, um das reiche und freiheitsliebende niederländische „protestantische Ungeziefer" auszurotten. Es war eines der schlimmsten Kriegsjahre der niederländischen Republik. In diesem Jahr trat Tschirnhaus ins niederländische Heer ein und diente darin etwa $1^1/_2$ Jahre. Sein Regimentskommandeur war der umstrittene, mit Huygens und Spinoza vertraute Freiherr Franz Wilhelm von Nulandt.

Auch Spinoza war nach 1672 – seine Gönner, die Gebrüder Johan und Cornelis de Witt wurden 1672 ermordet – wachsenden Verfolgungen ausgesetzt. Sein „Theologisch-politischer Traktat" wurde 1674 zusammen mit anderen „schadelijcke Boecken" – u. a. dem „Leviathan" Thomas Hobbes' und sozinianischen Büchern – vom Hof von Holland verboten.[73] 1675 befahl der Haager Kirchenrat, den „unterminierenden" Tätigkeiten Spinozas nachzugehen: „Dieweil der Kirchenrat vernimmt, daß die äußerst gottvergessenen Meinungen von Spinoza je länger desto mehr sowohl hier als anderswo einzudringen beginnen, so wird einem jeden auf das allerernstlichste anbefohlen, in Erfahrung zu bringen, was hieran sei, ob sich auch ein anderes Buch von ihm unter der Presse befinde, und welche Gefahr hierbei fürder drohe, um darüber dieser Versammlung näheren Bericht zu erstatten und nach Befund der Dinge zu handeln."[74]

Die Freundschaft mit Spinoza hatte auf die Herausbildung und Formung der Weltanschauung des jungen Tschirnhaus entscheidenden Einfluß. Im Frühjahr 1674 kehrte Tschirnhaus in seine Heimat zurück, begab sich aber bereits im Herbst desselben Jahres auf die für Universitätsabsolventen übliche „Kavalierstour". Bei seinem erneuten Aufenthalt in Holland erhielt er von Spinoza Empfehlungen nach England, vor allem an den einflußreichen Heinrich Oldenburg. Ich stimme Eduard Winters Schlußfolgerung zu: „Wäre Tschirnhaus nicht schon vorher mit Spinoza gut bekannt gewesen, hätte er von ihm nie eine solche Empfehlung bekommen.“[75] Im Mai 1675 reiste Tschirnhaus nach England, wo er besonders von Oldenburg gefördert wurde und mit Denis Papin, Robert Boyle, John Collins, wahrscheinlich auch mit Isaac Newton in Verbindung kam. Als Tschirnhaus im September 1675 nach Paris ging, empfahlen ihn Oldenburg und Papin an Christiaan Huygens weiter, der gleich Leibniz in Paris weilte.[76] Zwischen beiden entspann sich eine Freundschaft, die, ungeachtet zeitweiliger starker wissenschaftlicher Differenzen, bis zu Huygens Tod anhalten sollte. Möglicherweise verband auch die gemeinsame Wertschätzung Spinozas Huygens und Tschirnhaus. Huygens empfahl Tschirnhaus als Mathematiklehrer für Colberts Sohn.[77]

Tschirnhaus gehörte zu den Vertrauten Spinozas, die in die im Frühjahr 1674 vollendete „Ethik“ Einblick nehmen durften. Schon als Tschirnhaus nach England ging, führte er eine Abschrift der „Ethik“ mit. Die 9 erhalten gebliebenen Briefe geben Zeugnis, welche Fragen die kommende Zeit seines Umgangs mit Spinoza bestimmten. Vor allem waren es methodische Fragen, die Bildung „adäquater Ideen“, über die Spinoza wohl mit Tschirnhaus gesprochen, jedenfalls später korrespondiert hat. Es geht um die Frage „der Bewegung, die große entscheidende Frage, wie die ewige, unendliche Substanz in die endlichen, vorübergehenden Erscheinungen oder Modi übergeht . . . In der ganzen Debatte . . . ist die Rede von einer ‚tragischen Konfrontation‘ (Gebhardt) zwischen einem jungen, vitalen, begeisterten Sucher und einem kranken, ermüdeten Spinoza. Schon 1674 hatte Spinoza dem wißbegierigen Tschirnhaus versprochen, die Behandlung der Bewegung und der Methode für später aufzuheben. Und im letzten Brief an den deutschen Freund, dem vorletzten des gesamten Briefwechsels, wiederholt der Schwindsüchtige: Darüber will ich vielleicht ein andermal, wenn ich am Leben bleibe, deutlicher mit Ihnen sprechen. Denn bisher habe ich darüber noch nichts in der gehörigen Ordnung abfassen können.“[78]

Im Sommer 1675 hat Tschirnhaus Spinoza zum letzten Mal gesehen. In Paris suchte ihn Huygens über Spinozas Freigeistereien auszuhorchen, wobei Tschirnhaus geschickt auswich.[79] „Tschirnhaus hat überall auf seinen Reisen, wohin er auch kam, erwiesenermaßen den weithin verfemten Spinoza verteidigt.“[80] In Paris begann seine Zusammenarbeit mit Leibniz auf mathematischem Gebiet. Tschirnhaus sprach auch mit Leibniz über Spinozas „Ethik“, suchte diesen für Spinozas Lehre einzunehmen. Bei Leibniz wuchs das Interesse an Spinozas „Ethik“, „der heftige Wunsch . . ., dieses ‚verborgene Buch‘ zu besitzen.“[81] Leibniz hatte schon 1670 Spinozas „Traktat“ kennengelernt, den er in Briefen an Jakob Thomasius und Antoine Arnauld in den Jahren 1670 bis 1672 als ein „entsetzliches Buch“ voller „ungeheuerlicher Meinungen, eine bis zur Unerträglichkeit freche Schrift“ charakterisiert hatte.[82] Dennoch entwickelte sich, als Leibniz 1671 von Johann Georg Graevius den Namen des Verfassers erfuhr, zwischen beiden „eine ziemlich belangreiche Korrespondenz ... Es besteht die Vermutung, daß Schuller die Originale nach Spinozas Tod an Leibniz zurückgeschickt hat, der außerdem verbot, seinen Namen in den nachgelassenen Werken des niederländischen Denkers zu nennen. ...“[83] Bekanntlich kam es 1676 zu einer persönlichen Begegnung von Leibniz und Spinoza.[84] Spinozas Philosophie, die dieser aus seiner „Ethik“ bei der Begegnung entwickelte, muß Leibniz stark beeindruckt haben, denn „Tschirnhaus hat bezeugt, daß Leibniz nach seinem Besuch bei Spinoza lange Zeit von den ‚gebräuchlichen Vorurteilen der Theologie‘ frei war.“[85] Leibniz hat sich zu Spinoza in mehr als 100 verschiedenen Texten und Textstellen in der Regel kritisch geäußert. L. Steins These, Leibniz sei zeitweilig Spinozist gewesen, wird durch die Forschungen von G. Friedmann und Detlev von Uslar als unhaltbar erwiesen. Aber der Gedanke des Eins – Alles verbindet ihn mit Spinoza, wenngleich Leibniz’ Lösung des Problems von der spinozistischen verschieden ist. Und Leibniz’ Monadenlehre fand in der Auseinandersetzung mit Spinoza ihre wesentliche Ausgestaltung. Zudem hat Leibniz’ Auseinandersetzung mit Descartes auch durch Spinoza Anstöße erfahren.

Im November 1676 brach Tschirnhaus zu einer großen Italienreise auf. Er weilte u. a. in Mailand und Rom, Neapel, Sizilien und gelangte wohl auch nach Malta. In Italien interessierte ihn vor allem die Herstellung großer Brennspiegel. In Rom hatte er vertrauten Umgang mit dem Jesuiten und Physiker Athanasius Kircher und dem Physiker Giovanni Alfonso Borelli. Im Frühjahr 1679 finden wir Tschirnhaus erneut in Paris. Hier schloß er neue Bekanntschaften, u. a. mit Malebranche, dessen Schriften er später in Deutschland verbreitete und der ihn besonders als Mathematiker schätzte.[86]

Leibniz hatte seine philosophische Produktion 1684 mit dem in den „Acta eruditorum“ veröffentlichten Aufsatz „Meditationes de cognitatione, veritate et ideis“ begonnen. Tschirnhaus hatte seine „Medicina mentis“ bereits 1682 abgeschlossen, wenngleich sie erst 1687 erschien. Es wäre falsch, daraus zu schließen, Tschirnhaus sei auch das innere Primat hinsichtlich der philosophischen Fragestellung vor Leibniz zuzusprechen: „Leibniz und Tschirnhaus lernten die Philosophie Descartes’ etwa gleichzeitig 1671/72 kennen, Leibniz in Paris, Tschirnhaus in Leiden. Aber Tschirnhaus hat als erster Deutscher die Bedeutung Spinozas erkannt.... Tschirnhaus hielt durchaus nicht darin zurück, Spinoza auf die Hauptmängel seiner Philosophie aufmerksam zu machen. Und vielleicht gerade deswegen hielt Spinoza auf Tschirnhaus die größten Stücke und vertraute ihm völlig.“[87]

Ende des Sommers 1679 begab sich Tschirnhaus erneut nach den Niederlanden. Im Mittelpunkt seines Aufenthaltes standen Gespräche mit Freunden des im Februar 1677 verstorbenen Spinoza, also mit seinen Freunden, über die geeignetste Form der Ausgabe des wissenschaftlichen Nachlasses von Spinoza.[88] Zur Beteiligung an diesem Unternehmen bzw. an seiner Förderung gehörte Bekennermut. Spinoza hatte bereits 1675 vom Druck seiner „Ethik" absehen müssen, da sie schon vor Drucklegung als atheistisch verschrien wurde.[89] Die 1677 erschienenen „Opera posthuma" wurden am 25. 6. 1678 durch die Staaten von Holland und West-Friesland als ein Buch verboten, das „seer veele prophane, blaspheme ende atheistische stellingen" enthalte.[90] Über Hannover, wo Leibniz inzwischen lebte, kehrte Tschirnhaus im November 1679 in die Heimat zurück. Er suchte nach einer Möglichkeit, ungehemmt von materiellen Sorgen ganz seinen wissenschaftlichen Ambitionen leben zu können. Nach mehreren anderen gescheiterten Versuchen konzentrierte er seine Aufmerksamkeit auf die Academie des Sciences, deren Mitglieder eine hochdotierte Jahrespension erhielten. Tatsächlich gelang es Tschirnhaus, am 22. 7. 1682 zum ersten deutschen auswärtigen Mitglied der Französischen Akademie der Wissenschaften gewählt zu werden; bis 1699 folgten Johann und Jakob Bernoulli und schließlich auch Leibniz. Zu seinem Bedauern erhielt Tschirnhaus aber nicht die mit der Wahl verbundene Pension. Er versuchte sich nun in der Heimat einzurichten und verwandte den Hauptteil der Erträgnisse seines Gutes für wissenschaftliche Zwecke. Vorrangig sind seine Versuche mit großen Brennspiegeln zu nennen. Seine Experimente verschlangen große Summen. In Kieslingswalde hatte er um 1680 ein Forschungslaboratorium errichtet, auch verfügte er hier über eine Schleifmühle und eine Glashütte, die für das Gießen von großen Glasblöcken bedeutsam war. Neue Schleifmethoden wurden entwickelt, die die Voraussetzung für das Herstellen besonders großer Sonnenspiegel schufen. Die damit erzeugten hohen Wärmegrade ermöglichten das Schmelzen von Kaolinerde zum Herstellen von Porzellan.

Seit den 90er Jahren versammelten sich um Tschirnhaus und sein Forschungslaboratorium führende Wissenschaftler und Techniker. Zu ihnen gehörten sein alter Freund aus dem Spinoza-Kreis, der dänische Mathematiker Georg Mohrendal, der Techniker und Mathematiker Johann Friedrich Schmidt, ein Freund Speners und sein Landsmann, der leibeigene Bäcker Johannes Hofmann, der Astronom Gottfried Kirch aus Leipzig, der kurfürstliche Leibarzt Matthias Pauli, der Jurist Adam Rechenberg, späterer Schwiegersohn Speners, der ehemalige Rosenkreuzer Johann Jakob von Hartig, Bürgermeister in Zittau, ein geschickter Chemiker, sowie Montan- und Hüttenleute, wie Abraham von Schönberg und Gottfried Pabst von Ohain. Auch Christian Weise in Zittau, Schuldirektor und literarischer Frühaufklärer, gehörte zu diesem Kreis. Verbindungen bestanden zu dem Wittenberger Mathematiker Martin Knorr und zu Tschirnhaus' niederländischen Freunden (Spinozisten) Ameldonck Block, Georg Hermann Schuller und Pieter van Gent. „Somit ist es keine Übertreibung, wenn wir sagen, daß um 1696 eine oberlausitzisch-sächsische Gesellschaft der Wissenschaften bereits in Tätigkeit war."[91] Seit 1683 arbeitete Tschirnhaus an den 1682 gegründeten „Acta eruditorum", der ersten gelehrten Zeitschrift Deutschlands, aktiv mit.

Voller Sympathie verfolgte Tschirnhaus den Kampf der Hallenser Pietisten mit der lutherischen Orthodoxie. Er stand mit Philipp Jakob Spener seit dessen Dresdner Zeit in persönlicher und brieflicher Verbindung. Auf Speners Veranlassung wurde ihm 1693 von dem preußischen Staatsminister Eberhard von Danckelmann nach Veit Ludwig von Seckendorffs plötzlichem Tod dessen Nachfolge als Kanzler der Halleschen Universität angetragen. Im Januar 1698 verhandelten Francke und zwei seiner engen Mitarbeiter[92] in Leipzig mit Tschirnhaus über die Gründung von Manufakturen. Tschirnhaus hatte Francke auch in pädagogischen Fragen beraten, so bei der Einrichtung des mathematischen und naturwissenschaftlichen Unterrichts, hallesche Studenten wurden von Tschirnhaus zu Mathematiklehrern ausgebildet. Ein Sohn von Tschirnhaus wurde in Frauckes Stiftungen ausgebildet. Christian Friedrich Richter, der im Interesse des Frauckeschen Waisenhauses eine Glashütte gründete, führte darüber mit Tschirnhaus am 18. April 1704 in Leipzig erste Besprechungen. Tschirnhaus weilte anschließend 14 Tage in Halle bei Francke. Dessen Freund und Mitarbeiter Heinrich Julius Elers unternahm danach eine ebenfalls 14tägige Studienreise nach Dresden, um Tschirnhaus' „dortige Mustermanufaktur" zu besichtigen. Schon 1702 und vom 2. bis 16. 7. 1703 hatte sich Baron von Canstein in Dresden bei Tschirnhaus um den Erwerb des Porzellangeheimnisses bemüht. Das Ergebnis teilte von Canstein August Hermann Francke am 23. 7. 1703 mit. Tschirnhaus nahm bei Francke ein Darlehen auf und dieser empfahl die Publikation von Tschirnhaus' „Gründlicher Anleitung zu nützlichen Wissenschafften, absonderlich zu der Mathesi und Physica", die erstmalig 1700 anonym erschien. Das Ergebnis der Verhandlungen mit Tschirnhaus im Jahre 1704 war, daß dieser dem Waisenhaus seine Erfahrungen in der Ofenkonstruktion und seine Erfindungen auf anderen Gebieten zur Verfügung stellt. Elers erfuhr das Geheimnis des Colditzer Tons, bekam das Herstellen von Schamotteziegeln für den Brennofen und das Herstellen fehlerfreier Brennspiegel gezeigt bzw. erklärt. Tschirnhaus versprach auch zum Setzen des ersten Ofens nach Halle zu kommen und besonders ausgebildete Fachleute mitzubringen. Das Projekt wurde nicht realisiert. So erscheint Eduard Winters Urteil problematisch: „wie sehr der Pietismus schon um die Jahrhundertwende seine Progressivität verloren hatte, machte die pietistische Verfolgung von Tschirnhaus 1704 – 1708 offenkundig."[93] Winters Urteil bezieht sich auf Tschirnhaus' Probleme in Kieslingswalde mit dem pietistischen Pfarrer Johann Wilhelm Kellner von Zinnendorf. Dieser wandte sich gegen die bei Hochzeiten in Kieslingswalde üblichen Tanzvergnügen. Er bezeichnete sie als „Tanzgreuel". Der Gegensatz ging so weit, daß Kellner eine Beisetzung der Leiche Tschirnhaus' in der Kieslingswalder Kirche verweigerte; erst nach Entfernung des Pfarrers konnte Tschirnhaus' Sohn ein halbes Jahr später die Beisetzung ermöglichen. Das Aktenmaterial zu Kellner wird zur Auswertung vorbereitet.

Wie weitläufig trotz allem die Verbindung Tschirnhaus' zum Pietismus war, bezeugt das seit etwa 1692 für Fontenelles „Entretiene sur la pluralité des mondes" (1686) gezeigte Interesse und das erfolgreiche Bemühen um eine deutsche Übersetzung. Dieses wichtige Werk der europäischen Frühaufklärung enthielt geistvolle Gespräche über die Vielheit der Welten, die die copernikanische Lehre und Descartes' Physik und Astronomie besonders für die Gebildeten anschaulich zum Ausdruck brachten. „Die deutsche Übersetzung Fontenelles stellte eine Gemeinschaftsarbeit der privaten gelehrten Gesellschaft dar, die Tschirnhaus um sich sammelte."[94] Übersehen wird, daß Tschirnhaus' „Medicina mentis" selbst für die europäische Aufklärung von entscheidender Bedeutung war. Gottsched erklärte 1734 in seiner Antrittsrede an der Leipziger Universität die „Medicina mentis" zu einem Grundbuch der europäischen Aufklärung.[95] Auch die Freunde und Mitstreiter Tschirnhaus' für die Aufklärung in Deutschland haben bisher leider keine literarisch-philosophische Würdigung erfahren.

Als Friedrich August I. (der Starke) 1694 Kurfürst von Sachsen und als August II. 1697 König von Polen wurde, suchte Tschirnhaus dessen Leidenschaft für kostbare Keramik, vor allem für chinesisches Porzellan und geschliffene Edelsteine, zur offiziellen Errichtung einer Sächsischen Akademie der Wissenschaften zu nutzen. Im Frühjahr 1696 erhielt er den Auftrag, Edelsteinfundstätten in Sachsen zu erkunden. Tschirnhaus, seit 1692 Kurfürstlicher Rat, hatte bereits im Winter 1693/94 systematisch das Problem der Porzellanbereitung in Angriff genommen. Fortan gehörte das Auffinden von Edelsteinen und ihr Schleifen zu einer Hauptbeschäftigung seines Laboratoriums zu Kieslingswalde. Der sächsische Hof glaubte, durch Erfindungen, das Auffinden von Bodenschätzen und die Errichtung von Manufakturen der ständigen Geldnot Herr werden zu können. So wird es verständlich, daß sich Tschirnhaus' Versuche darauf konzentrierten, „chinesisches" Porzellan aus sächsischer Tonerde herzustellen. Bis heute wird die Erfindung des Porzellans Johann Friedrich Böttger zugeschrieben, den Tschirnhaus nach seiner Gefangensetzung durch den sächsischen König zu überwachen hatte. Daß aber Tschirnhaus an dieser Erfindung großen Anteil hatte, er höchstwahrscheinlich überhaupt der wirkliche Erfinder des Verfahrens war, dürfte inzwischen kaum noch zu bezweifeln sein.

Ich halte es jedenfalls für höchst problematisch, die Entdeckung des Porzellans als eine Kollektivleistung zu betrachten und den Prioritätsstreit zwischen Tschirnhaus und Böttger als erledigt abzutun.[96] Man sollte auch in dieser Frage gründlicher der Feststellung nachgehen: „jede neue Idee ist das Produkt der schöpferischen Tätigkeit eines Individuums, auch wenn sie in mehreren Köpfen gleichzeitig entsteht."[97] Von Gleichzeitigkeit kann bei Tschirnhaus und Böttger nicht die Rede sein, die Priorität gebührt eindeutig Tschirnhaus – wie weit er nun auch gekommen sein mag. Die Porzellanerfindung ist von ihren Voraussetzungen her als theoretische Entdeckung zu fassen. Natürlich basiert die theoretische auf der empirischen Entdeckung und kann in der Praxis Anwendung und Umsetzung finden; das gilt auch beim Porzellan. Die Zusammenarbeit von Böttger und Tschirnhaus ist bekannt, gefragt ist nach dem Anteil beider. Hier kann auf die Prioritätsfrage nicht näher eingegangen werden.[98]

1695 erschien Tschirnhaus' zweite Auflage der „Medicina mentis". Um 1700 glaubte er nach vielen Proben zum Schmelzen von Tonerden, nach Erfolgen beim Auffinden reicher Edelsteinlager im sächsischen Erzgebirge, vor allem aber nach seiner Erfindung von Öfen, die höhere Temperaturen als die bisherigen entwickelten, nach der Weiterentwicklung großer Brennspiegel und nicht zuletzt durch eine verbesserte Schleifmethode seinem Ziel nahe zu sein: dem Herstellen des Porzellans und dem Schleifen von Glas, von Spiegeln und Edelsteinen im Manufakturbetrieb. Das sollte ihm endlich ermöglichen, sein Projekt einer Sächsischen Akademie der Wissenschaften zu realisieren. 1701 bis 1702 unternahm er im Auftrag des von August II. für Sachsen eingesetzten Statthalters Anton Egon Fürst zu Fürstenberg nochmals eine Studienreise nach Frankreich und Holland, um vornehmlich die dortige Porzellanerzeugung und Edelsteinschleiferei zu studieren. Danach wandte sich Tschirnhaus verstärkt dem Versuch zu, eine Sächsische Akademie der Wissenschaften zu schaffen, zum Teil im Verein mit, zum Teil unabhängig von Leibniz.

Leibniz hatte 1671 die ersten beiden Entwürfe für eine deutsche Akademie verfaßt, den „Grundriß eines Bedenckens von aufrichtung einer Societät in Teutschland zu auffnehmen der Künste und Wißenschafften"[99] und die „Bedencken Von aufrichtung einer Academie oder Societät in Teutschland, zu Aufnehmen der Künste und Wißenschafften". Sie enthalten, verbunden mit theologischen Erklärungen, den Hinweis auf die Notwendigkeit mathematischer, chemischer und technischer Forschung sowie deren Nutzen für „Manufacturen . . . und Commerz" und eine kurze Betrachtung der europäischen Akademien. Tschirnhaus hatte schon lange vor Leibniz Möglichkeiten einer Akademiegründung in Sachsen bedacht, was ihm Leibniz Ende 1704 selbst bestätigte.[100] Leibniz hatte seit 1703 eigene entsprechende Pläne, hielt sie aber vor Tschirnhaus geheim und fand sich erst 1704, als Tschirnhaus nicht mehr zu umgehen war, zu einer Verständigung bereit.[101] Tschirnhaus lernte 1674 in London das Wirken der Royal Society kennen; er fand hier seine eigenen Vorstellungen von Experiment und praktischer Verwertung bestätigt. „Der Gedanke einer sächsischen Akademie könnte hier seine Wurzeln haben."[102]

Tschirnhaus folgte nicht Leibniz' Plan, auch Gesellschaftswissenschaften in die neu zu gründende Akademie aufzunehmen, er wollte die Neugründung vornehmlich auf Mathematik und Physik, auf Naturwissenschaften, beschränkt wissen sowie 30000 Taler „aus optischen und chymischen operationibus certissimis" für die Akademiegründung zur Verfügung stellen.[103] Nach Tschirnhaus' Tod „versandete" der Plan einer Akademiegründung in Dresden, 1709 ist letztmalig davon die Rede. Die sächsischen Quellen für die geplante Dresdner Akademiegründung werden in der Forschung zu wenig berücksichtigt, wie Elisabeth Lea und Gerald Wiemers beweiskräftig darlegen.

1706 – 1707 wurde in Dresden ein neues Forschungslaboratorium erbaut, das von Tschirnhaus geleitet wurde und in dem Böttger wirkte. Tschirnhaus sollte zum Direktor der Königlichen Porzellanmanufaktur ernannt werden, als er plötzlich in der Nacht vom 10. zum 11. Oktober 1708 zu Dresden verstarb. Sein wissenschaftlicher Nachlaß wurde aus Gründen der Geheimhaltung vom König sequestiert. Sein Vermögen hatte er seinen Forschungen geopfert. Kurz vor dem Ziel – der Nutzung des Porzellans – war Tschirnhaus gestorben, eine in der Wissenschaft oft anzutreffende Tragik. Für die Pariser Akademie verfaßte Fontenelle den Nekrolog auf Tschirnhaus, Leibniz bedauerte einen schmerzlichen Verlust.

Tschirnhaus hat u. a. auf dem Gebiete der Bierbrauerei, der Blaufarbenröstung und in der Schleifkunst auf Grund chemischer und physikalischer Forschungen erhebliche Leistungen aufzuweisen. Auch auf seine Bedeutung für die Herstellung von farbigem Glas, von Kristall und von geschliffenem Glas sei verwiesen. Sein enzyklopädisches Bildungsideal half in ganz Deutschland, das 18. Jahrhundert zu gestalten und „wirkte durch Persönlichkeiten wie Wolff, Gottsched, Johann Matthias Gesner und selbst Herder weit über Deutschland hinaus. Sie alle haben von Tschirnhaus gelernt."[104]

Tschirnhaus gehört – wenn wir von Leibniz absehen – in die Reihe der großen deutschen Philosophen und Denker, die *wesentlich* vom Ausland beeinflußt werden. Er ist demgemäß Repräsentant der Entwicklungslinie in der Philosophie in Deutschland, die nicht primär auf eigenem Boden erwächst. An seiner Originalität ändert es aber nichts, daß er Descartes, Hobbes, das gesamte westeuropäische Wissen, vor allem aber Spinoza rezipiert. Er ist kein bloßer Fortführer von Ideen. Zudem ist selbst dem Epigonentum Originalität zuzugestehen; Anwendung von Ideen unter anderen Bedingungen und in zeitlich anderen historischen Perioden verlangt auch Originalität.[105] Tschirnhaus modifiziert das auf ihn wirkende Gedankengut in spezifischer Weise. Im Wirken der Frühaufklärung in Deutschland verbindet sich die auf eigenem Boden erwachsende Entwicklungslinie mit Einflüssen aus dem Ausland, wie sie etwa von Tschirnhaus repräsentiert werden. Dennoch: so wie kein Christian Wolff ohne Tschirnhaus, so auch keine Frühaufklärung ohne den auf deutschem Boden erwachsenen Pietismus.

III.

Tschirnhaus tritt für die Unsterblichkeit der Seele ein, anerkennt selbstverständlich Gott und spricht sich zumindest verbal für den christlichen Offenbarungsglauben aus. Diese Elemente seiner Weltanschauung sind hier nicht entscheidend. Tschirnhaus' in drei Propositiones gefaßte Bestimmung des Gottesbegriffs – dargestellt in seinem Brief aus Rom vom 17. April 1677 an Leibniz [105a] kennzeichnen seine damalige Position dazu, das Problem soll hier nicht weiterverfolgt werden. Entscheidend ist:

1. In der Problemstellung bestehen bei Spinoza und Tschirnhaus weitgehende Übereinstimmungen. „Fragen der Ethik wie die nach dem wahren Glück, nach der Befreiung von den Leidenschaften bilden Hauptthemen sowohl der ‚Medicina mentis' wie der ‚Ethik'. Ungetrübtes Glück setzt Tschirnhaus wie Spinoza allein in das Streben nach Erkenntnis, nach Wahrheit; dabei soll sich der Erkenntnisdrang vor allem auf die Natur richten und uns das wahre Wesen der Dinge der Außenwelt enthüllen."[106] In einem Brief an Huygens schreibt Tschirnhaus über das Ziel seiner „Medicina mentis": „. . . der Jugend . . . sollte die Erkenntnis der Wahrheit beigebracht werden, das ist, wie solche recht zu erkennen, durch sich selbst zu erfinden und hernach anderen bekannt zu machen. Wie hieraus die wahre Tugend geleitet wird, das ist, wie alle unsere actiones aus richtiger Erkenntnis fließen müssen und also die unschätzbare Tranquillität des Gemütes endlich erhalten wird. Damit sie also hernach und wenn sie die rechte Güter wirklich genossen und deren Wert bei sich empfunden, alle andere Begierden gegen Scheingüter viel leichter zu subjugieren wüßte."[107]

In der „Vorrede" an den Leser rühmt Tschirnhaus den Intellekt als die dem Menschen von Gott verliehene größte natürliche Gabe. Daraus ergebe sich die Notwendigkeit, seinen Gebrauch richtig auszubilden (Das ist fast der Titel von Descartes' „Regulas ad directionem ingenii"). Tschirnhaus will in seinem Werk „einen Weg . . . zeigen, durch den unser Intellekt aufs beste vervollkommnet wird, soweit es durch natürliche Mittel geschehen kann."[108] Die Liebe zur Wahrheit, zum wirklichen Wissen, könne bei der Jugend am nachdrücklichsten durch naturwissenschaftliche Versuche geweckt werden. Tschirnhaus stimmt mit Spinoza in der Auffassung überein, daß Freude und Genuß dann erlaubt sind, wenn sie den Menschen geeigneter zur Erforschung der Wahrheit machen, wenn sie seiner geistigen Kultur förderlich sind. „Er geht aber über Spinoza hinaus, indem er nicht allein die Vervollkommnung der geistigen Natur des Menschen fordert, sondern den ganzen Menschen im Auge hat und das ethische Ideal in der Gewinnung echter Vollkommenheit des Geistes und des Körpers sieht.“ [109] Mit dieser Haltung setzt sich Tschirnhaus in entschiedenen Gegensatz zur herrschenden orthodoxen Ideologie.

2. Statt Scholastik und Dogmenverehrung fordert Tschirnhaus die Hinwendung zur Praxis durch Erforschung und wachsende Beherrschung der Natur. Sein ganzes Leben zeugt davon, wie ernst es ihm damit war. Gleich Descartes und Spinoza war er höchst beeindruckt vom methodischen Vorgehen der Mathematik, die durch ihre Evidenz und die Schlüssigkeit ihrer Beweisverfahren in sinnfälligem Gegensatz zum Wissenschaftsbetrieb der Scholastik des 17. Jahrhunderts stand, der primär noch die Bibel und Aristoteles erste Autorität bei der Erlangung von Urteilen über die Realität waren. Tschirnhaus will, ähnlich Spinoza und Descartes, die mathematische Methode auf alle Wissensgebiete ausdehnen. Von ihrer konsequenten Anwendung erhoffte sich Tschirnhaus eine wirkliche Regeneration der Wissenschaften und die Erzielung echter wissenschaftlicher Erkenntnisse. Sicherlich ist dies einseitig. Wie bereits Hegel wußte, kann sich die Philosophie ihre Methode nicht von einer anderen Wissenschaft ausborgen. Jedenfalls war Tschirnhaus' Vorgehen in dieser Hinsicht antischolastisch – wie auch letztlich das von Christian Wolff. Und das ist in jener Zeit viel.

3. Wenn nicht mehr das geschriebene Wort, sondern die Tatsachen der Wirklichkeit Quelle des Wissens sind, muß die sinnliche Erfahrung einen bedeutend höheren Stellenwert als in der aristotelischen Schulphilosophie des 17. Jahrhunderts einnehmen. So erklärt sich Tschirnhaus' Abneigung gegen die traditionelle formale Logik und seine bewußte Berücksichtigung des Prinzips der Erfahrung. Tschirnhaus ist der Auffassung, „daß man zwar zunächst a posteriori beginnen soll, daß dann aber beim Fortschreiten alles nur a priori abzuleiten und das einzelne überall durch evidente Erfahrungen zu bestätigen ist; und daß dies so lange fortgesetzt werden muß, bis wir wiederum zu den ersten Erfahrungen, die wir am Anfang herangezogen hatten, durch die Ordnung selbst geleitet, zurückkehren und so der ganze Kreis der Philosophie ohne Zirkel (gemeint ist der *circulus vitiosus* – S. W.) vollendet ist. ... Ich meine ..., daß es keinen vortrefflicheren Weg gibt, die Wahrheit im Anfang aufzuspüren, als den durch Erfahrungen.“ [110] Die Erfahrung wird als entscheidende Quelle der Erkenntnis bestimmt.

Tschirnhaus wollte in der Erkenntnistheorie zwischen den Anschauungen der bisherigen Philosophen, auch zwischen Sensualismus und Rationalismus, vermitteln. Er wollte alles Wissen zunächst und unmittelbar auf Erfahrung zurückführen, im weiteren Fortgang der logischen Bearbeitung des von den Sinnen gelieferten Materials aber die apriorischen Prinzipien des Denkens nutzen. Daraus folgt jedoch nicht, daß Tschirnhaus ausschließlich zu den Rationalisten zu rechnen ist. Er hat sich eingehend mit Jakob Böhme beschäftigt und ein Werk Giordano Brunos auf eigene Kosten herausgeben lassen.[111] Den rationalen Denker Tschirnhaus mögen an Böhmes Schriften „deren pantheistische Züge, seine Ablehnung der Schulphilosophie und die energische Kritik an der starren kirchlichen Orthodoxie angezogen haben."[112] Auch Johann Amos Comenius hat Tschirnhaus sehr geschätzt.

Spinozas System, besonders seine „Ethik", ist nicht aus einem Guß geformt. Um 1655 beginnt er die Auseinandersetzung mit Descartes' Auffassungen. Die unvollendete „Abhandlung über die Verbesserung des Verstandes" dürfte bald darauf begonnen worden sein. Um 1658 schreibt Spinoza seine „Korte Verhandeling van God de Menschen en de zelfs Welstand", die erst 1852 erstmalig – unvollständig – veröffentlicht wurde. Um 1662 beginnt Spinoza den erkenntnistheoretischen (zweiten) Teil seiner „Ethik" auszuarbeiten. 1665 liegen mindestens 80 Lehrsätze des dritten Teiles vor.[113] Die „Abhandlung über die Verbesserung des Verstandes" entsteht noch vor „Renati des Cartes Principiorum Philosophiae, Pars I & II, More geometrico demonstrata" (Amsterdam 1663).

Tschirnhaus, der Spinozas „Tractatus de intellectus emendatione" kannte und schätzte,[114] wie wir u. a. aus seinem Brief vom 5. 1. 1675 an Spinoza und dem Brief aus Rom vom 10. April 1678 an Leibniz erfahren, konnte diese Datierungsfragen kaum wissen. So ist es durchaus möglich, daß er vieles bei Spinoza für cartesisch hielt, was bereits durch Spinoza inhaltlich überwunden war. Noch Christian Thomasius hat Spinoza für einen Schüler Descartes', wenn auch für einen höchst dubiosen, gehalten. Ob Tschirnhaus mehr Descartes oder Spinoza verdankt, kann nur durch eine vergleichende Analyse des Gesamtwerkes von Spinoza inklusive seiner Auseinandersetzung mit den Auffassungen Descartes einerseits und der „Medicina mentis" andererseits befriedigend entschieden werden. Diese Aufgabe würde einer größeren Arbeit bedürfen, die auch Tschirnhaus' Verhältnis zu den ihm bekannten philosophischen Auffassungen von Thomas Hobbes, Leibniz, den Okkasionalisten und John Locke enthalten müßte. M. E. ist nur von daher der echte Beitrag Tschirnhaus' zur Geschichte der Philosophie zu bestimmen. Dabei wäre z. B. Hans Matthias Wolffs Meinung zu prüfen, wonach Spinozas Schrift „über die Verbesserung des Verstandes" ein noch unbeholfener Versuch sei, „sich in die Erkenntnistheorie Descartes' hineinzudenken; nur der sogenannte zweite Teil, der sich mit der deduktiven Methode befaßt ... und vielleicht auch schon die unmittelbar vorangehenden Ausführungen über die adäquaten

Ideen, als deren Kriterium hier nicht mehr wie im ersten Teil der ‚Ethik' (6. Axiom) die Übereinstimmung mit dem Gegenstand, sondern im Sinne des zweiten Teils (4. Definition und 34. Ls.) Klarheit und Deutlichkeit aufgefaßt wird, so daß nunmehr Deutlichkeit einer Idee den Schluß auf ein ihr entsprechendes Sein zuläßt, stammen aus späterer Zeit."[115] Jedenfalls bleibt Tschirnhaus sein ganzes Leben Descartes verpflichtet; vielfältiger als Leibniz, aber alles andere denn uneingeschränkt.

Peter Bollhagen hat sich mit Tschirnhaus' philosophischen Quellen in letzter Zeit wohl als einziger beschäftigt. Er zählt auch Ideen von Leibniz zu Tschirnhaus' Quellen, wobei er Leibniz' Rationalismus als entscheidenden Berührungspunkt sieht. Unterschiede erblickt er in folgendem:

1. Tschirnhaus gehe von einem materialistischen Monismus aus, Leibniz von einem metaphysischen Pluralismus.

2. Tschirnhaus anerkenne die Einheit der Welt in ihrer Mannigfaltigkeit und begründe dies über die Erfahrung, Leibniz mittels der Monadologie;

3. Tschirnhaus behaupte in Übereinstimmung mit Spinoza, die Logik der Ideen widerspiegele die Logik der Dinge. Leibniz hingegen schaffe den Begriff der prästabilierten Harmonie.[116] Insgesamt faßt Bollhagen Tschirnhaus' philosophische Ideen so zusammen: „Tschirnhaus setzt den Materialismus von Spinoza kontinuierlich fort, wandelt ihn in einen dynamischen Deismus um und entwickelt einen erkenntnistheoretischen Monismus. Dieser zeichnet sich durch die Einheit der Erkenntnis, die Einheit von Theorie und Praxis aus. Er entwickelt die gleichen Probleme wie Leibniz ... verfolgt die Linie des von Descartes ausgehenden Rationalismus. In bestimmten Punkten reflektiert er den Mechanismus und entwickelt dabei Elemente der Dialektik."[117] Dabei betont Bollhagen, Tschirnhaus beseitige die bei Spinoza bestehende Kluft zwischen *imaginatio* und *ratio* und gehe nicht von einer ersten evidenten Wahrheit, sondern von der Erfahrung aus. Nach Bollhagen sind Leibniz und Spinoza gleichermaßen für Tschirnhaus' Philosophie entscheidend – Descartes' Einfluß wird als selbstverständlich vorausgesetzt. So gibt Bollhagen ein Beispiel für eine tiefere Wertung von Tschirnhaus' Philosophie.

Welche Einwände und Probleme bewegen Tschirnhaus an Spinozas „Ethik", die er in bereits ziemlich ausgereifter Form kennenlernte? Da ist das Problem der Willensfreiheit, die Frage, ob sich die Theorie der unendlich vielen Attribute mit dem nur zwei Attribute voraussetzenden Parallelenprinzip vereinbaren lasse, da gibt es Bitten um Auskunft über Spinozas „Methode für die richtige Leitung der Vernunft bei der Ermittlung unbekannter Wahrheiten", über die Beschaffenheit der Modi, über die Herkunft der Bewegung und damit der unendlichen Mannigfaltigkeit der Einzeldinge aus der unbeweglichen und unveränderlichen Einheit der absoluten Ausdehnung.[118] Durch seine bohrenden Fragen hat Tschirnhaus, wie selbst seine Gegner zugeben,

Spinoza angeregt, seine „Ethik“ bzw. die angesprochenen Kontroverspunkte nochmals zu durchdenken und zu präzisieren.[119]

Tschirnhaus[120] will im ersten Teil der „Medicina mentis“ seine Auffassung darlegen, daß es „eine vortrefflichere Beschäftigung nicht gibt als das Streben, die Wahrheit selbständig zu gewinnen.“ Während er im ersten Abschnitt des zweiten Teils „ein untrügliches Heilmittel“ geben will, „durch welches das Wahre und das Falsche sicher erkannt und das eine vom anderen unterschieden werden kann,“ möchte er im zweiten Abschnitt einen Weg zeigen, „durch den unsere Erkenntnis von einer Wahrheit zur anderen ohne Ende erweitert werden kann.“ Der dritte Abschnitt soll Hindernisse bei der Methode der Wahrheitsfindung beseitigen helfen. Hier verspricht er zugleich, Aufschluß darüber zu geben, welche Objekte einer Prüfung zu unterziehen sind, nachdem man eine richtige Methode zur Wahrheitsgewinnung erworben hat. Der dritte Teil behandelt die Frage, „welches Objekt wir vor allem erforschen müssen, um das Leben angenehm und mit größtem Genuß verbringen zu können.“ Für das Erlangen seines Ziels gibt Tschirnhaus folgende Prinzipien: „1. Ich bin mir verschiedener Dinge bewußt; dies ist das erste und allgemeine Prinzip unserer ganzen Erkenntnis. 2. Daß ich von einigen Dingen gut, von anderen jedoch schlecht berührt werde, ist das erste Prinzip, aus dem die Erkenntnis des Guten und des Bösen oder die ganze Morallehre abgeleitet wird. 3. Daß einiges von mir begriffen oder durch das Denken erfaßt werden kann, anderes aber von mir in keiner Weise begriffen werden kann oder daß einiges sich nicht (mit einander) vereinigen läßt und mit Rücksicht auf mich undenkbar ist, ist das erste Prinzip, aus dem alle Erkenntnis des Wahren und des Falschen abgeleitet wird. 4. Daß ich endlich Verschiedenes durch die äußeren Sinne und ebenso durch innere Vorstellungsbilder und Leidenschaften wahrnehme, ist das erste Prinzip, aus dem alles entstammt, was wir der bloßen Erfahrung verdanken. Auf diese vier Prinzipien wie auf eben so viele Säulen scheint mir das ganze Gebäude menschlicher Erkenntnis allein sich zu stützen.“ Die Natur des zu untersuchenden Gegenstandes beruht „ohne Zweifel entweder allein auf der Vernunft *(ratio)* oder allein auf der Erfahrung (*experientia*) oder auf beiden Weisen . . .“ Hier ist der Weg für Materialismus und Idealismus noch offen.

Schon im 1. Kapitel der „Medicina mentis“ sucht Tschirnhaus Antwort auf die Frage: „Was ist gut?“ Das ist eher eine spinozistische denn eine cartesische Fragestellung. Tschirnhaus' Kardinalfrage lautet: Wie kommt der Mensch zu seinem Glück? Diese Fragestellung ist zunächst spinozistisch: „Mit der Behauptung, die perfectio naturae, insbesondere die Vervollkommnung des Intellects, bilde den Inhalt unserer Eudaemonie und zugleich das Mittel zu ihrer Erreichung, schließt sich Tschirnhaus an Spinoza . . . an“.[121] Aus verständlichen Gründen beruft sich Tschirnhaus in der ganzen „Medicina mentis“ nicht ein einziges Mal auf Spinoza. Aber seine Gedanken werden reichhaltig verarbeitet. Nicht umsonst vermochte Christian Thomasius die „Medicina mentis“ so umfassend als spinozistisch zu denunzieren. Natürlich reicht es nicht als Beweis, daß beide bei Behandlung der Leidenschaften ein Wort Ovids zitieren.[122] Aber bei Tschirnhaus gibt es auch wörtliche Übereinstimmung mit Spinoza. So übernimmt er von Spinoza „Denn wie das Licht sich selbst und die Finsternis offenbart, so ist sicherlich die Wahrheit die Norm ihrer selbst und des Falschen.“[123] Bei der Beweislehre schreibt Tschirnhaus: „Ebenso hat ein gewisser (Autor) den ersten und zweiten Teil seiner (d. i. Descartes’) Prinzipien der Philosophie auf eine derartige Methode zurückgeführt.“[124] Dieser „quidam“ ist Spinoza. Tschirnhaus bezieht sich auf „Renati Des Cartes Principiorum philosophiae pars I & II, more geometrico demonstratae . . .“ An gleicher Stelle findet sich eine Anknüpfung an Spinozas „Ethik“: „Und es fehlte nicht an Leuten, die versuchten, alle ihre ethischen Gedanken in eine solche Ordnung zu bringen.“[125] Möglicherweise schließt sich Tschirnhaus in seiner Lehre von den Lebensgeistern ebenfalls Spinoza an.[126] Noch wichtiger ist es, gleich Christian Thomasius auf indirekte Bezüge zu verweisen, so auf Spinozas drei Sittlichkeitsprinzipien,

a) jenes, das Tugend mit Nutzen (Ethik IV, 18 Schol., 20, 24), Selbsterhaltung (Ethik IV, 21, 22), Vervollkommnung (Ethik IV, 18, Anm.) und Macht identifiziert;

b) jenes, das besagt: nützlich ist, was die wahre Erkenntnis fördert (Ethik IV, 26, 27, 28, IV App. 5);

c) Gehorche der Vernunft (Ethik IV, App. 9; 24). „Diese drei Prinzipien sind unschwer wiederzuerkennen in der Definition, die Tschirnhaus von der Tugend gibt,“[127] denn dieser hatte definiert: „Tugend ist das Vermögen in einem Menschen, nach den Gesetzen der gesunden Vernunft seine Natur zu erhalten, d. h. das Vermögen, alle realen Vollkommenheiten des Geistes und des Körpers sich zu verschaffen oder die reale Vollkommenheit, oder, wenn man lieber will, die Verbesserung unserer Natur nach den Gesetzen der gesunden Vernunft.“[128] Selbst nach Verweyen sind Spinoza und Descartes plus die persönlichen Lebenserfahrungen für die Herausbildung von Tschirnhaus’ ethischen Ideen von Bedeutung gewesen: „Doch bürgen Gesamtabsicht des Wirkers und geschichtliche Umstände dafür, dass vorzugsweise Descartes und Spinoza bestimmt waren, und zwar hat . . . Descartes im ethischen Teil das Uebergewicht.“[129] Dies ist problematisch. Räumt z. B. Descartes in religiösen Belangen dem Glauben das Primat ein und konstituiert er seine Erkenntnislehre auf der Voraussetzung dieser grundsätzlichen Unterwerfung, geht dabei vom Zweifel aus und bezieht diesen nicht nur auf das Objekt, sondern setzt ihn im erkennenden Subjekt selbst an, sind bei Spinoza Glaube und Zweifel bedeutungslos. Denn er geht von der Voraussetzung der Teilhaftigkeit menschlichen Seins am göttlichen Sein und menschlicher Erkenntnisfähigkeit am umfassenden göttlichen Verstand aus – damit von der Gewißheit wahrer Erkenntnis (in Form adäquater Ideen). Dies nur ein weiteres Beispiel für Ähnlichkeit des Denkens von Tschirnhaus und Spinoza.

Tschirnhaus anerkennt jedoch die vier Regeln des René Descartes. Ihre Schwierigkeit bestehe darin, daß sie nicht erklären, „wie man das, was nach seiner Lehre zu beobachten ist, erreichen soll.“ [130] Tschirnhaus ergänzt Descartes' Regeln durch die von ihm gegebenen Prinzipien, ebenfalls in vier Punkte untergliedert.[131] Es komme nicht einzig darauf an, „ob man die Wahrheit sich erwirbt, sondern auch darauf, ob dies durch eine leichte und bequeme Methode geschieht.“ [132] Dementsprechend will Tschirnhaus darstellen, wie die Wahrheit mit geringer Mühe erlangt wird. Das erste und hauptsächlichste Hindernis ist, daß wir Irrtümer oder Falsches zulassen. Aus dem Intellekt allein gehen keine Irrtümer hervor. Sie leiten sich aus der Wahrnehmung, aus der Imagination her: „Es können . . . alle Eindrücke, die uns vermittels der Imagination zukommen, bewirken, daß Dinge von uns entweder als verschieden betrachtet werden und auch wirklich verschieden sind oder als verschieden, obwohl sie doch nicht verschieden, sondern dieselben sind, oder endlich als dieselben, obwohl sie doch verschieden sind.“ [133] Nur diese drei Fälle kommen als Quelle für Irrtümer infrage: Auch die Erfahrung kann zu Irrtümern führen. Wegen des häufigen Doppelsinns von Benennungen entstehen unendlich viele Streitigkeiten unter den Menschen. Große Wahrscheinlichkeit wird häufig mit Gewißheit verwechselt, obwohl die Wahrscheinlichkeit auch oft Falschheit in sich schließt. Tschirnhaus belegt seine Argumente mit Beispielen aus der Mathematik. Die große Menge, auch „die gewöhnlichen Philosophen“, verwechseln „in höherem Grade, als es glaublich ist, imaginable Wesenheiten mit realen, d. h. Eindrücke, die in uns von den Dingen erregt wurden, mit diesen selbst, indem sie fest glauben, daß die äußeren Dinge, je nachdem sie sich uns darstellen, in der Tat außerhalb von uns als ihren Abbildungen ähnlich existieren. . . . Denn alles, was sich uns (sinnlich) darbietet, nicht so, wie wir es begreifen oder begreifen können, sind in der Tat nur verworrene Eindrücke, die daher nur in uns, keinesfalls aber außerhalb von uns in ihrer eigenen Natur betrachtet als solche existieren, da es ja in den Dingen selbst eine Verworrenheit nicht gibt.“ [134] Viele verwechseln auch eine reale mit einer rationalen Wesenheit. Von Kindheit an sind wir nach Tschirnhaus zu Irrtümern gelangt, weil wir uns primär von der Imagination, nicht vom Intellekt haben leiten lassen. Dies gilt auch für Vorurteile. Das Heilmittel dagegen beruhe vor allem auf dem Intellekt. Seine Operationen gilt es von denen der Imagination wohl zu unterscheiden. Zweitens ist erforderlich, „daß der Intellekt bei der Aufspürung der Wahrheit von der Imagination unterstützt wird, soweit sie von einer guten Methode der Wahrheitserforschung gelenkt wird."[135] Unterschiedliche Definitionen sind durch verschiedene Benennungen auszudrücken. Was im Intellekt unterschiedlich ist, sollen wir durch verschiedene Zeichen ausdrücken. Alle Operationen des Intellekts werden durch Bewegungen zustande gebracht, die mit Hilfe einer kleinen Maschine nach denselben Gesetzen gelenkt werden (John Nepers Rechenstäbe; die Tschirnhaus bekannte Rechenmaschine Leibniz'). „Aus diesem allen sehen wir, wie Unglaubliches die Imagination leisten kann, wenn sie durch den Intellekt gut geleitet wird."[136] Das dritte und letzte Heilmittel zur Beseitigung der Irrtümer geht „durch äußere Erfahrungen vor sich, durch die neue, den Begriffen des Intellekts ähnliche Eindrücke oftmals in uns hervorgerufen werden."[137]

Ein weiteres Hindernis bei der Erkenntnis der Wahrheit besteht darin, daß wir das bereits Erkannte nicht hochschätzen, und es daher schwierig ist, lange hierüber aufmerksam nachzudenken. Dies wird durch die Erfahrung selbst gezeigt.[138]

Tschirnhaus betont, sein Leitstern sei nicht die Originalitätssucht, sondern die Liebe zur Wahrheit. Seine ganze Untersuchung baut sich zuletzt auf vier Erfahrungstatsachen auf, die vor anderen „Experimenten" den Vorzug haben, daß sie in jedem beliebigen Augenblick ohne große Umstände und fehlerfrei beobachtet werden können. Hinsichtlich der Beziehung von Leib und Seele weist Tschirnhaus die scholastische Auffassung ab, die Seele sei die forma substantialis corporis.[139] Denken müsse einem vom Körper verschiedenen Substrat zugeschrieben werden.

Tschirnhaus' erste Erfahrung lautet: „daß dieses mein Wissen, dieses Bekanntsein, dieses Bewußtsein, oder, wenn man lieber will, dieses Denken das Erste in uns ist, was allen unseren Erkenntnissen vorangeht und dessen Existenz (ich sage nicht Natur; denn dies sind ganz verschiedene Dinge) wir in uns selbst durch die evidenteste Erfahrung erkennen." Die 2. Erfahrung, „die Grundlage unseres ganzen Glücks", lautet: „daß uns einiges gut, anderes aber schlecht berührt."[140] Die erste Erfahrung hatte auf den Geist (mens) geführt, die zweite führt auf den Willen (voluntas) als die Operation des Geistes, wodurch er, was ihn gut berührt, erstrebt, und was ihn schlecht berührt, zurückweist. Die 3. Erfahrung ist „daß wir einiges begreifen können, anderes nicht."[141] Kriterium der Wahrheit ist die Begreifbarkeit eines Inhalts. Die Operation, durch die man einiges begreift, anderes nicht, bezeichnet Tschirnhaus als Intellekt. Spinoza schreibt: „Wer eine wahre Idee hat, der weiß zugleich, daß er eine wahre Idee hat, und kann nicht an der Wahrheit der Sache zweifeln." Gleiches sagt Tschirnhaus.[142] Verweyen gibt noch eine Reihe weiterer Übereinstimmungen und schlußfolgert: „Somit folgt Tschirnhaus in der Urteilslehre mehr dem Intellectualisten Spinoza als dem Voluntaristen

Descartes."[143] Auch bei der Begründung des Wahrheitskriteriums sei Tschirnhaus von Spinoza beeinflußt. Wir folgen Verweyen hinsichtlich seiner Auffassung des Verhältnisses von Tschirnhaus und Spinoza weitgehend, halten aber die Bezeichnungen „Intellectualist" und „Voluntarist" für nicht treffend. Tschirnhaus' vierte unbezweifelbare Erfahrung lautet: „... daß zu mir sehr vieles gewissermaßen von den äußeren Dingen gelangt, nämlich durch die Sinne, durch innere Vorstellungsbilder und durch die Leidenschaften."[144] Auch dieser Grundsatz wird stärker auf Spinoza als auf Descartes zurückgeführt. Das gelte ebenso für die Lehre vom Irrtum (vgl. u. a. Spinoza, Ethik, II, 17; IV, Anhang). Nach Verweyen verdankt Tschirnhaus die Erkenntnis, seine Lehre auf vier Erfahrungstatsachen zurückzuführen, nicht nur Descartes, sondern auch Arnold Geulincx.[145] Damit wird auch auf den Okkasionalismus als Quelle Tschirnhausschen philosophischen Denkens verwiesen. Er sagt selbst, er wolle einen Mittelweg zwischen den bisherigen Philosophen beschreiten und würdigt die Verdienste von Descartes, Arnauld, Malebranche, Mariotte um die *ars veniendi*, die er für die echte Philosophie ansieht.[146] Aus Tschirnhaus' Brief an Spinoza vom 5. 1. 1675 läßt sich schließen, daß Tschirnhaus die Anregung zu seinem Werk Spinoza verdankt: „Dieser hatte seinen Freunden Abschriften von dem Werke, ... ‚de intellectus emendatione' und der ‚Ethik' zukommen lassen. Durch Vermittlung Schullers hatte auch Tschirnhaus Einsicht in dieselben und damit in die Methode Spinozas gewonnen. Unser Philosoph verdankt der Abhandlung ‚de int. emend.' nicht nur eine Fülle sachlicher Argumente, sondern er entlehnt ihr auch ... die Disposition seines Werkes."[147]

In seinem Hauptwerk berührt Tschirnhaus das Problem der Willensfreiheit nicht. In seinem Brief an Spinoza vom 6. 10. 1674 meint er, Spinoza wie Descartes hätten in der Bestimmung der Willensfreiheit recht.

Tschirnhaus findet in der Mathematik drei Stufen der Erkenntnis. Die höchste ermöglicht nicht nur, die Entdeckungen der Alten und Neueren aufzuspüren, sondern auch alles in der Mathematik noch verborgen Liegende durch die eigenen Geisteskräfte zu entdecken. Mittel dafür ist Tschirnhaus die *Analysis speciosa*, die mit Buchstaben operierende Rechnung. Ähnlich gebe es auch drei Erkenntnisstufen in der Philosophie. Die dritte und höchste besteht darin, daß der Philosoph „durch die Sache selbst merkt, es steht in seiner Macht, alles, was unbekannt, aber dennoch dem menschlichen Intellekt zugänglich ist, durch die eigenen Kräfte seines Geistes ans Licht zu ziehen."[148] Das tut der Sachphilosoph *(realis philosophus)*, den Tschirnhaus vom Verbalphilosophen *(verbalis philosophus)* unterscheidet.[149] Die Sachphilosophie, die höchste Stufe der Philosophie, ist die „ars veniendi", die Kunst des Entdekkens. Das vortrefflichste Gut des Menschen ist, die Ruhe des Geistes oder des Gemütes zu besitzen. Echte Tugend erheischt Weisheit und sie verlangt wiederum nach einer Methode zu ihrer Erlangung. Tschirnhaus gesteht, seine neue Methode an der Mathematik geschult zu haben: „Denn aus ihnen (den mathematischen Studien – S. W.) leuchtet die Idee der vollkommensten Methode vollständig hervor, so daß sie uns schon deswegen gleichsam als Norm dienen kann, durch deren Berücksichtigung wir uns rechtzeitig genug verbessern, wenn die Imagination uns Nachstellungen bereitet.[150] Verweyen sagt: „Die von den Vulgär-Philosophen mit Nachdruck betonte Forderung, die Definition müsse *genus proximum* und die *Differentia specifica* enthalten, verwirft Tschirnhaus mit Spinoza schon deshalb, weil jene gar nicht angeben, wie man die *Differentia specifica* findet. Ueberdies mache die Definition – der Mensch ist ein vernünftiges Sinnenwesen – um nichts gelehrter, es sei denn, dass jemand zweifele, ein Lebewesen zu sein ... Die Anschauungen unseres Philosophen über Begriffsbildung sind unter dem Einfluß Spinozas gereift, der in einem Briefe (60) an Tschirnhaus die Notwendigkeit ausgesprochen hatte, daß die Definition die Causa efficiens ausdrücke, aus welcher letzteren sich alle Eigentümlichkeiten eines Dinges deducieren ließen."[151] Andererseits war Tschirnhaus entschlossen, das Prinzip der Erfahrung in der Erkenntnis weitgehend zur Grundlage zu nehmen, was sich aus seiner engen Verbindung zur Naturwissenschaft in Theorie und Praxis erklären läßt. Auch die logische Bearbeitung des Erfahrungsmaterials müsse ständig von einer praktischen Überprüfung seiner Resultate begleitet sein: „Man sieht an diesen Gedankengängen ganz deutlich das weitgehende Festhalten Tschirnhausens am Prinzip des materialistischen Sensualismus, wodurch er sich von Descartes, Spinoza und auch von Kant unterscheidet."[152]

Tschirnhaus verlangt von einer Definition, daß sie, sofern sie eine echte Erweiterung unseres Wissens darstellen soll, genetisch sein muß. Begreifen heißt für ihn nicht allein, das Wesen einer Erscheinung in Gedanken zu fassen, sondern auch seine Entstehung sich verständlich zu machen. Eine Definition soll daher zugleich die *causae efficientes* des Dinges oder der Erscheinung angeben.[153] In diesen und vielen anderen Überlegungen von Tschirnhaus läßt sich ein Keim der dialektischen Erkenntnis sehen, wonach das Logische nur in Einheit mit dem Historischen richtig gefaßt wird.

Tschirnhaus unterscheidet im menschlichen Bewußtsein zwei Vermögen: 1. „das Begreifen in Form eines Tuns, das Wahrnehmen in Form eines Leidens".[154] Erkenntnis liegt erst vor, wenn von einem Sachverhalt ein Begriff gewonnen ist. Tschirnhaus unterscheidet, entgegen dem einseitigen Sensualismus, Begreifen und Wahrnehmen sehr nachdrücklich. Die Fähigkeit des Denkens, des Begreifens, ist in allen Menschen gleich. Den Grund des Irrtums sahen Tschirnhaus wie Spinoza in einem Mangel an Erkenntnis, dessen Quelle im Wahrnehmen liege. Der intellectus für sich genommen irre nie. Diese Überschwenglichkeit des Glaubens an die Vernunft ist dem sich entwickelnden

Aufklärungsdenken weithin eigen. Tschirnhaus war völlig davon überzeugt, daß es eine objektiv existierende Außenwelt gibt und sah schon im Wahrnehmen *(imaginatio)*, in der Einwirkung der Außendinge auf unsere Sinne, einen Beweis dafür. Er fordert den Gebrauch der eigenen Vernunft, das Selbstdenken und damit das letzte Begreifen vorliegender Sachverhalte. Ganz im Sinne von Spinoza und Descartes äußert Tschirnhaus „*Nam quicquid potest concipi verum est, adeoque ita acquirimus veritatem, quicquid autem concipi nequit est falsum, atque sic falsitatem detegimus.*“ [155] Hat man von einer Sache keinen Begriff, so ist das gleichbedeutend damit, daß sie einem unbekannt ist. Der Begriff enthält das Wesen einer Erscheinung; da ja nun für Tschirnhaus wahres Wissen in der Einsicht in das Wesen der Dinge besteht, anerkennt er dort kein wahres Wissen, wo eine Sache nicht begriffen ist. Als Maßstab für das „concipere“ gibt Tschirnhaus an, alles, was man einem anderen durch Erklärung völlig deutlich machen könne, sei auch von uns wirklich begriffen, alles andere befinde sich hingegen noch auf der Stufe des Wahrnehmens. Gegen mögliche Bedenken, die ein solches auf den ersten Blick subjektiv anmutendes Wahrheitskriterium erweckt, verweist von Tschirnhaus auf die von ihm gemachte Beobachtung, daß alles wirklich vom Geist Begriffene sich immer auch als der Natur tatsächlich angemessen erwiesen habe. Falls wir etwas konzipiert zu haben meinen und die Erfahrung ihm dann widerspricht, hat es sich um Scheinwissen gehandelt. Der Erfahrung ist Vertrauen zu schenken.

Tschirnhaus legt seinen Ideen die cartesische Materiedefinition zugrunde, nach welcher der Materie die Eigenschaften der Undurchdringlichkeit und der Ausdehnung zukommen, Materie und Bewegung eine untrennbare Einheit bilden. Aber er hielt diese Definition für unzureichend und erklärte, Ausdehnung ohne Bewegung sei etwas Unbegreifliches. Ruhe im gewöhnlichen Sinne gebe es in der Natur überhaupt nicht; alle Dinge und Erscheinungen befinden sich in ständiger Veränderung. Die Vorstellung der Ruhe ist für Tschirnhaus lediglich eine Fiktion der „imaginatio“, dem denkenden Erfassen der Wirklichkeit vermag sie nicht standzuhalten.[156] Das ist ein Progreß gegenüber Spinoza, der die Bewegung nicht als Attribut der Materie faßte.

Tschirnhaus kennzeichnet ein unbegrenzter Erkenntnisoptimismus. Die Natur sei in ihren Bildungen unerschöpflich, treibe zu immer neuen Erscheinungen fort. Darum, betont Tschirnhaus, werden unsere Nachkommen auch in tausenden von Jahren noch neue Entdeckungen zu machen Gelegenheit haben. Das oberste Sittengesetz, dem all sein Handeln unterworfen ist, formuliert er in einem Brief an Huygens vom 12. Mai 1687 ganz im Sinne der Aufklärung: „Schreite voran, vervollkommne dich!“ [157] Wie sehr Tschirnhaus Philosophie *(ars veniendi)* als Mittel zur Umgestaltung der Welt, besser vielleicht: als praktische Philosophie faßt, zeigt seine Auffassung, in der Macht des „Sach-“ bzw. „Realphilosophen“ stehe es, „alles, was unbekannt ist, durch die eigenen Kräfte seines Geistes ans Licht zu ziehen.“ [158]

IV.

Georg Wilhelm Friedrich Hegel, dessen „Vorlesungen über die Geschichte der Philosophie“ ganze Generationen von Philosophiehistorikern beeinflußt haben, erwähnt Ehrenfried Walther von Tschirnhaus nur beiläufig. Neben Christian Thomasius und vor allem Christian Wolff habe er an dem Verdienst teil, über die Philosophie in deutscher Sprache geschrieben zu haben. Ansonsten stellt Hegel fest: „Von Tschirnhausens und Thomasius' Philosophie ist aber ihrem Inhalte nach nicht viel zu sagen, es ist sogenannte gesunde Vernunft; es ist die Oberflächlichkeit und leere Allgemeinheit, die immer da stattfindet, wenn Anfang gemacht wird mit den Denken.“ [159] Dieses Urteil nimmt bei Hegel wunder, denn eine seiner Quellen ist die umfängliche „Geschichte der Philosophie“ von Johann Gottlieb Buhle, dem er für die Darstellung der neueren Philosophie Verdienste zugesteht.[160] Allerdings hat Hegel zur Aufklärung insgesamt ein abständiges Verhältnis.[161] Buhle überschreibt einen Abschnitt seiner Darstellung: „Von Tschirnhausen. Christian Thomasius.“ Tschirnhaus und Thomasius hätten im Schatten Leibniz' gestanden. Nach einer kurzen Lebensbeschreibung von Tschirnhaus referiert Buhle dessen philosophische Auffassungen nach der „Medicina mentis“.[162] Er tadelt, daß Tschirnhaus Mathematik und Philosophie hinsichtlich der Methode identifiziere, betont aber: „Inzwischen wurde doch Wolf, der dem Werke des Tschirnhausen einen Theil seiner philosophischen Bildung in früheren Jahren verdankte, durch ihn veranlaßt, das System der Philosophie nach mathematischer Methode aufzustellen; wiewohl er bey der Ausführung des Systems durch die Natur der Sache genöthigt wurde, in vielen Stücken von Tschirnhausen abzuweichen; denn der letzte verfehlte den Unterschied zwischen Philosophie und Mathematik gänzlich.“ [163] Auf Tschirnhaus' Quellen geht Buhle nicht ein. Schon Fülleborn hatte konstatiert: „Wenn er (Wolff – S. W.) Leibnizen in Rücksicht des Materials viel verdankte, so verdankt er eben so viel der Medicina Mentis in Betreff der Form.“ [164]

Christian Wolff wurde während seiner Jenenser Zeit mit der „Medicina mentis“ bekannt. Er verstand zunächst nicht das „concipere“ bei Tschirnhaus und suchte, mehr von ihm zu erfahren. Deshalb fuhr er 1705 nach Leipzig zur Ostermesse, die Tschirnhaus regelmäßig zu besuchen pflegte und es kam zu einem Gespräch beider. Wolff trug seine Interpretation der „Medicina mentis“ vor, die Tschirnhaus' Zustimmung fand. „Als ich ihn aber fragte, wie man denn die *elementa definitionum* erfinden könnte: antwortete er mir weiter nichts, als: dieses wäre eben die HauptSache. Weil ich gerne von dem *Calculo differentiali* etwas verstanden hätte, der dazumahl noch weniger bekandt war, fragte ich ihn, wie ich dazu gelangen könnte. Er machte aber nicht viel davon, sondern gab mir nur zur Antwort, er ... wäre nicht der rechte methodus ... Den rechten methodum wollte er in dem andern *Tomo* seiner *Medicinae mentis* zeigen, wo er die in dem ersten *Tomo* gegebenen Regeln auf die Mathematick appliciren würde und da sollte die Welt die Augen darüber aufthun und sich verwundern. Wenn aber der dritte Theil herauskommen würde, darinnen er seinen Methodum auf die Physik appliciren würde, so würde man darüber erstaunen. Er recommendirte mir aber, um in der Mathematick weiter zu gehen, Barrowii *lectiones geometricas* und Nieuwentiit *Analysin infinitorum*, ingleichen auch Ozanams *Elemens d'Algebre* ... Nach seinem Tode erkundigte ich mich, ob nicht einige Papiere vorhanden wären, darinnen er von seinen *meditationibus* eines und das andere aufgeschrieben, was er in die beyden andern Theile seiner *Medicinae mentis* bringen wollen, damit seine Erfindungen von dem Untergange errettet würden und man zugleich vor seinen gebührenden Ruhm bey der Nachwelt sorgete. Allein ich erfuhr, daß er wie Spinosa vor seinem Ende alle seine Papiere verbrandte, wobey ich mich erinnere, daß er mir von Spinosa sagte, er habe keinesweges Gott und die Natur miteinander confundiret, wie man ihm insgeheim imputirte, sondern Gott *multo significantius* als Cartesius definiret." [165]

Es wiederholt sich etwas ähnliches wie im Verhältnis zwischen dem jungen Tschirnhaus und dem alten, müden, kranken Spinoza. Jetzt ist Wolff der junge, grübelnde, Aufklärung heischende, Tschirnhaus dagegen der alte, kränkelnde, von Arbeit überhäufte. Immerhin ist bezeichnend, daß der alte Wolff, er schrieb seine Autobiographie 1743 und sie erschien postum, sich nicht nur des Einflusses von Tschirnhaus erinnert, sondern auch der Tatsache, mit Tschirnhaus über Spinoza gesprochen zu haben. An anderer Stelle seiner Autobiographie schreibt Wolff: „Meine *Dissertationem* von der *Philosophia practica universali* überreichte ich auch in der Oster-Meße dem Herrn von Tschirnhausen, welche er nach dem anderen, der ihn besucht, gerühmet und als eine Frucht seiner *Medicinae mentis* angepriesen." [166]

So hat Tschirnhaus, der erste Spinozist in Deutschland, also zugleich auf Wolff entscheidend und anregend gewirkt. Auch dies sollte uns zu weiterem Nachdenken über die Rolle des hervorragenden deutschen Aufklärers Christian Wolff anreizen. Besondere Aufmerksamkeit verdient beim jungen Wolff das Verhältnis von Philosophie und Mathematik bzw. Physik, denn von 71 Publikationen Wolffs bis 1723 waren 63 mathematischen und naturwissenschaftlichen Inhalts; sein erstes großes philosophisches Werk „Vernünftige

Gedanken von den Kräften des menschlichen Verstandes . . ." (1712) hat die Logik zum Gegenstand.

Eduard Zeller, der sich Johann Eduard Erdmann und Kuno Fischer gleichermaßen verpflichtet fühlt, stellt Thomasius und Tschirnhaus in den Schatten Leibniz', dem an philosophischer Größe „keiner von beiden entfernt gleichgestellt werden" könne.[167] Er betont m. E. zu recht, daß Tschirnhaus Descartes und Spinoza philosophisch mehr als Leibniz verpflichtet sei. Tschirnhaus habe festgestellt, von den Erfahrungen müsse man zu Begriffen fortschreiten und alles aus Begriffen auf apriorischem Weg ableiten, zugleich aber auch durch gesicherte Erfahrungen bewähren, so daß die Hauptaufgabe der Wissenschaft in der Ableitung des Besonderen aus dem Allgemeinen zu suchen sei. Die Wissenschaft bestehe nicht aus Perzeptionen oder Wahrnehmungen, sondern aus Konzeptionen, aus Begriffen, sie sei nicht Sache der Einbildungskraft, sondern des Verstandes. Zeller macht dazu folgende Anmerkungen: „Man vgl. über diesen Unterschied, in dessen Auffassung sich Tsch. zunächst an Spinoza anschließt, S. 43, 46, 79 f. 165. Zur Einbildungskraft *(imaginatio)* rechnet er hier die sinnliche Wahrnehmung *(sentire)*, die Phantasiegebilde (*imaginari* im engern Sinn) und die sinnlichen Gefühle (die *passiones*, das *percipere* s. *affici*)"[168]. Für Tschirnhaus ist die einzig passende Methode der Wissenschaft die mathematisch-demonstrative, „und er verweist hierfür ausdrücklich auf die Erfolge, welche Descartes und seine Nachfolger diesem Verfahren zu verdanken gehabt haben, namentlich aber . . . (ohne den verrufenen Atheisten zu nennen) auf den Vorgang Spinozas; nur daß diese Männer, wie er glaubt, ihre Entdeckungen durch genauere Darlegung ihrer Methode allgemein zugänglich zu machen versäumt haben."[169] Wesentlich erscheint Zellers Hervorhebung: „. . . die Ausdehnung ist . . ., wie Tschirnhaus im Widerspruch gegen den sonst sosehr von ihm bewunderten Descartes bemerkt . . ., eine Folge der Bewegung, und eine Materie, welche durchaus in Ruhe wäre, giebt es überhaupt nicht."[170] Schlußfolgernd und abschließend stellt Zeller fest: „In dieser Hochschätzung der Physik und in der Zurückführung der Naturerscheinungen auf Materie und Bewegung läßt sich der Geist des Cartesianismus und Spinozismus nicht verkennen; zugleich spricht sich aber auch eine mittlere Stellung zwischen beiden darin aus, daß Tschirnhaus zwar mit Descartes an der Freiheit des menschlichen Willens . . . und der Annahme einer übervernünftigen Offenbarung . . . festhält, daß er aber doch zugleich mit Spinoza nicht blos den Naturlauf und seine Gesetze, sondern auch die menschlichen Lebensthätigkeiten unmittelbar von der alles durchdringenden göttlichen Wirksamkeit herleitet."[171]

Weniger ausführlich ist die Darstellung Tschirnhaus' bei Windelband.[172] Tschirnhaus wird nach einer kurzgefaßten Darstellung seines Systems als „ein streng methodischer Denker, geschult in der geometrischen Methode von

Descartes und Spinoza . . ." gewertet.[173] Windelband betont, daß Tschirnhaus ein Hauptgewicht auf die sog. genetische Definition legte: „Er ist dabei von dem spinozistischen Ideal eines Systems von Gedanken, dessen Anordnung genau dem System der Dinge und ihres wirklichen Zusammenhangs entspreche, so vollkommen erfüllt, dass er verlangt, eine solche Definition habe den Process der wirklichen Entstehung des zu definierenden Dinges vollkommen auszudrücken. Auch ihm ist die logische Nothwendigkeit gleich der realen. Der Satz des Widerspruchs, in der Begriffsbildung das höchste Princip, ist es auch in der Natur. Auch die Axiome, aus denen alles Uebrige abgeleitet werden soll, gelten ihm deshalb als identische Sätze, in denen die ursprünglichen Begriffe logisch zergliedert werden." Tschirnhaus' „Form der Versöhnung der beiden Gegensätze des Empirismus und des Rationalismus hat die späteren Forscher ebenso stark beeinflußt, wie diejenige von Leibniz."[174]

Windelbands knappe Darstellung deutet schon seine spätere Äußerung an, derzufolge Tschirnhaus ein „philosophischer Schriftsteller" gewesen sei, und Windelband wie Ueberweg und seine Herausgeber wiederholen das alte Vorurteil, Tschirnhaus habe gelehrt, „daß eine vollständige Definition des Lachens imstande sein müsse, das Lachen selbst hervorzurufen."[175] Generell gilt: „Noch Kuno Fischer und Johann Eduard Erdmann, Vertreter eines liberalen Bürgertums um die Mitte des 19. Jahrhunderts, hatten auf die Behandlung Tschirnhausens relativ viel Zeit verwendet; ihre Darstellung bemühte sich deutlich, die wahre Bedeutung dieses Philosophen hervorzuheben. In der spätbürgerlichen Philosophiegeschichte hingegen, so bei Überweg-Heinze-Praechter, Windelband und Falckenberg, wird Tschirnhaus mit wenigen Worten abgetan. Er erscheint entweder als Mitläufer von Leibniz, der er nicht war, oder wird als ‚Vorläufer' Wolffs hingestellt. . . . So entsteht die ziemlich gesicherte Vermutung, daß keiner der spätbürgerlichen Philosophiehistoriker Tschirnhaus wirklich gelesen, vielmehr die Kenntnisse über ihn aus dritter Hand bezogen hat."[176] Einige Ausnahmen gibt es. Ernst Cassirer zeigt an Beispielen, daß Tschirnhaus philosophisch wesentlich auf Spinozas „Tractatus de emendatione intellectus" fußt und sucht dies durch Textvergleiche zu belegen.[177] Wilhelm Dilthey meint: *Tschirnhaus* ... war von dem Rationalismus des Descartes bestimmt: aber er trennt sich von ihm darin, daß er das rechnende Denken mit Recht auf die Probleme der mathematischen Physik beschränkte, und daß mit demselben Recht sein Rationalismus die Stellung des Experimentes als der vom Denken geleiteten Erfahrung gründlicher zur Geltung brachte. So bereitete er die methodische Auffassung der Physik in Newton, Lambert und der modernen Naturwissenschaft vor. Wie er seine mit Spinoza verwandte Lehre von der alldurchdringenden göttlichen Kraft durchgeführt haben würde, können wir nicht sagen: ein allzufrüher Tod unterbrach seine Arbeiten."[178]

Ernst Bloch, dessen Sympathie uneingeschränkt Thomasius gehört, sieht in Tschirnhaus lediglich einen Epigonen Descartes.[179] Sein Wissen um den Streit zwischen Thomasius und Tschirnhaus hat er schwerlich aus den Quellen. Gerade aber in diesem Streit äußern sich zwei unterschiedliche Konzeptionen in der weltlichen Frühaufklärung in Deutschland. Allerdings: auch die Philosophie des deutschen Frühaufklärers Christian Thomasius wird nach wie vor unterschätzt. Max Fleischmann, einer der besten Thomasius-Kenner, schreibt 1931: „Für die Geschichte der Philosophie bedeutet Thomasius keinen Markstein, wenn auch die Urteile im einzelnen schwanken."[180] Dagegen konstatiert Joachim Streisand wenigstens bei Thomasius grundlegende Verdienste um die Entwicklung der deutschen Geschichtswissenschaft.[181] Thomasius' philosophische Auffassungen entwickeln sich im Kampf gegen das Aristotelesverständnis der protestantischen Scholastik, von der sie aber teilweise geprägt bleiben ebenso wie der Einfluß seines Vaters Jakob Thomasius, von Hugo Grotius, Samuel Pufendorf und später John Locke erkennbar bleibt. Auch Thomasius' zeitweilige Zusammenarbeit mit Gottfried Arnold und dem Pietismus hinterläßt Spuren. Christian Thomasius konstatiert: „Das Licht der Natur und das Licht der Offenbarung sind verschiedene Quellen; die Theologie ist aus der Schrift, die Philosophie aus der Vernunft herzuleiten. Der Zweck der Philosophie ist das irdische Wohlsein des Menschengeschlechts, der Zweck der Theologie das himmlische."[182] Dieser Zielsetzung bleibt er treu. Der Einfluß seiner vielfältigen theoretischen Tätigkeit auf die nachfolgende Säkularisierung der Philosophie und der Wissenschaften ist kaum zu überschätzen.

Ich stimme Horn durchaus zu: „Tschirnhaus steht am Anfang einer der größten Epochen der deutschen Philosophie und gehört zu ihren Vätern. Er hat wesentlich dazu beigetragen, daß durch das Anknüpfen an die großen fortschrittlichen Ideen eines Descartes und Spinoza die Scholastik zerschlagen wurde, die die einflußreiche Schulphilosophie des 17. Jahrhunderts in Deutschland noch durchweg beherrschte. Sein Werk hat einen bedeutenden Beitrag zum Entstehen einer selbständigen nationalen deutschen Philosophie geleistet."[183] In ihrer Etappe, versteht sich, denn eine selbständige deutsche Philosophie gab es schon zuvor.

Wichtig und unumstritten ist: „Der Ruhm ..., als erster Deutscher die Bedeutung Spinozas erkannt und ihn auf seine Weise den Deutschen bekannt gemacht zu haben, gebührt eindeutig Tschirnhaus ... Mit Recht weist Kuno Fischer darauf hin, daß es wohl Tschirnhausens Einfluß zu verdanken ist, wenn Männer wie Boyle und Oldenburg ihre Meinung über Spinoza und dessen verrufenen „Tractatus theologico-politicus" ändern."[184] Es wurde schon mehrfach erwähnt, daß Tschirnhaus als erster deutscher Denker eine Weiterentwicklung der Lehren Spinozas und Descartes unternommen hat[185], insbesondere hat er Descartes materialistisch weitergedacht. Er gibt

„dem passiven Prinzip des „sum cogitans" ... eine Wendung zur Bedeutung der menschlichen Tätigkeit ... Der Schwerpunkt liegt ... nicht nur kartesisch auf dem ‚ego', sondern auch unkartesisch auf dem ‚facere'."[186] Tschirnhaus weicht, wie Horn zeigt, von Spinoza wie von Descartes ab, indem das der Selbstgewißheit folgende Axiom nicht mehr logisch-erkenntnistheoretischer, sondern moralischer Natur ist. Es gibt angenehme und unangenehme Affektationen, auf Grund derer das Bewußtsein die Begriffe des Wohls und des Übels ableitet, woraus sich die Moral als Wissenschaft vom menschlichen Glück ableitet. „Darin liegt mit Recht der von Thomasius festgestellte ‚Epikuräismus', der wenig mit dem theologischen Prinzip des himmlischen Glückes gemein hat."[187]

1977 schrieb Winter: „Tschirnhaus ist den Weg vom statischen Pantheismus Spinozas zu einem, seinem Wesen nach, mechanistischen Deismus gegangen. Der erste Ansatz einer deistischen Ausrichtung seiner philosophischen Ansichten ist bereits für 1675 nachzuweisen, also für die Zeit seiner Englandreise, während der er mit Boyle zusammenkommt. Es ist daher kein Zufall, daß hinter den eindeutig deistischen Aussagen in der Medicina mentis Robert Boyle steht ... Der endgültige Übergang von Tschirnhaus' von der pantheistischen Position Spinozas auf einen deistischen Materialismus kann zeitlich ins Todesjahr Spinozas, ... gelegt werden."[188] Tschirnhaus führe die Dialektik weiter, indem er „die statischen Elemente des Spinozismus durch eine dynamische Konzeption ersetzt ... Aber die Weiterführung der Dialektik zwingt ihn nicht nur vom Pantheismus zum Deismus überzugehen, sondern zugleich zunehmend seiner Philosophie mechanistische Züge zu geben. Ein Vorgang, der nicht nur durch die Angst, als Spinozist verschrien zu werden, immer notwendiger erscheint, sondern, weil dieser Weg ihm als Naturforscher und Technologen liegt. Er macht die Theorie der mechanischen Bewegung und ihre mathematische Interpretation zur Grundlage der Erkenntnis, was notwendig die Reduzierung aller Qualitäten auf die Mechanik impliziert und wodurch zugleich die qualitative Vielfalt der Welt anerkannt wird. Diese Erkenntnisse waren ... auch für seine Erkenntnistheorie und Methodologie von Bedeutung."[189] Eduard Winter folgt hier sehr eng Peter Bollhagen. Aber warum muß man, wenn man die Dialektik weiterentwickeln will, vom Pantheismus zum mechanischen Materialismus übergehen? M. E. irrt Winter, wenn er behauptet, diese Auffassung habe sich in der Entwicklung des Denkens vor allem in Deutschland zu wenig durchgesetzt.[190] Wie steht es dann mit Christian Wolff, der doch Tschirnhaus sehr schätzte? Wie steht es mit Wolffs Schule(n)? Hätte dieser Übergang zum Deismus nicht eine Annäherung an Thomasius' Position bedeutet? Zudem weist der Mechanizismus bzw. der sog. mechanische Materialismus eine große Breite auf, er läßt sich nicht unter eine Formel subsumieren. La Mettrie sagt z. B., er sei zu seinem bekannten

Werk „L' homme machine" durch Spinoza angeregt worden. Eduard Winter hat uns interessante Probleme hinterlassen, die der Beantwortung harren.

Hans Matthias Wolff meinte, Spinozas „ohnehin geringer Ruhm" sei bald nach seinem Tode erloschen, „Spinoza war tot, nicht nur als Mensch, sondern auch als Philosoph."[191] Wolff läßt erst mit Herder das öffentliche Bekenntnis zu Spinoza beginnen. Er übersieht das Ringen um Spinozas Erbe in den vorausgegangenen 60-80 Jahren gerade in Deutschland, wovon Leo Bäck und Grunwald einen instruktiven, wenn auch noch unvollständigen Überblick geben. Norbert Altwicker verweist darauf, daß Tschirnhaus und Johann Christian Edelmann korrekt Spinozas wichtigste Lehrinhalte reproduziert haben.[192] Unterstützend dafür sind die Forschungen von Jean-Paul Wurtz, der aber auch auf den Dissens hinweist: „Sehr wahrscheinlich aber hat er den Hauptlehren der spinozistischen Metaphysik nicht beigepflichtet, was die schon in seinem Briefwechsel mit Spinoza erhobenen Einwände, wodurch er besser als irgendein anderer Korrespondent dieses Philosophen Lücken in den Lehren des Meisters aufgezeigt hat, bezeugen. Es ist aber kläglich, daß er in seiner Polemik mit Thomasius jeglichen Einfluß Spinozas in Abrede stellt. ... Vielleicht hat Tschirnhaus unter anderem auch deshalb Spinoza verleugnet, um ihm besser zu dienen."[193]

V.

Christian Thomasius brachte im Januar 1688 das erste Heft seiner „Monats-Gespräche" heraus. Damit hatte er keineswegs etwas völlig Neues geschaffen. Bereits 1663 hatte Johann Rist seine „Erbaulichen Monaths-Unterredungen" in Frankfurt (Main) herausgegeben. Seit 1670 erschienen in Leipzig (bzw. Frankfurt am Main, Breslau, Nürnberg) die „Ephemerides Academiae Naturae Curiosorum" der Leopoldina, deren erster Band von dem Schweinfurter Arzt und Präsidenten der Gesellschaft Johann Michael Fehr veröffentlicht wurde. Seit 1682 erschienen in Leipzig die „Acta Eruditorum", zu deren engen Mitarbeitern Leibniz, Tschirnhaus und der junge Christian Thomasius gehörten. Aber Hanns Freydank betrachtet dennoch Christian Thomasius – in Übereinstimmung mit Robert Eduard Prutz – als „geistigen Vater" des Journalismus (in Deutschland)[194].

Im ersten Jahrgang der Zeitschrift bietet Thomasius Dialoge, im zweiten kehrt er zur traditionellen, monologischen Form der Berichterstattung zurück. Hauptgrund dürfte das Bedürfnis nach Kürze gewesen sein. In den zwei Jahren ihres Erscheinens hat Thomasius Titel, Verleger und Erscheinungsort ändern müssen. Vor allem seitens der Leipziger Universität sah er sich wegen seiner Zeitschrift scharfen Angriffen ausgesetzt. Thomasius' Zeitschrift „Monats-Gespräche" war die erste in deutscher Sprache, die literarische Kritik enthielt. Im Märzheft 1688 geht Thomasius auf die erste, anonym erschienene Auflage der „Medicina mentis" ein.[195] Er beginnt mit einer sachlichen Inhaltsreferierung. Sie beschränkt sich auf den Teil I und den 1. Abschnitt des 2. Teils; aus den Abschnitten 2 und 3 des Teils II und dem Teil III werden nur einige wesentliche Punkte hervorgehoben. Im Teil I gefällt Thomasius u. a. Tschirnhaus' Meinung darüber, „was von der *Logica, Rhetorica, Metaphysica, Physica,* wie sie in gemein auf *Academien* gelehret werden / sowohl auch von denen *disputationibus* und Büchern / so daselbst in diesen Wissenschaften heraus kommen" so gut, daß er meint: „welches wohl würdig wäre, daß man es an statt einer *Epistolae Commendatoriae* zu dergleichen Werckgen vorandrückte."[196] Nach der Inhaltsreferierung gesteht Thomasius zunächst, die „Medicina mentis" habe ihm als Logik und auch als Philosophie durchaus gefallen.[197] Dann führt Thomasius einen – fingierten – Freund namens Nicanor ein, den er um ein Urteil über Tschirnhaus' Werk gebeten habe. Dessen Meinung referiert Thomasius in „sechtzig Objectiones". Vorangestellt wird das Urteil des „Freundes": „Die *Medicina mentis* sey ein recht subtiles und gelehrtes Buch / in welchem viel gute und nützliche Sachen enthalten wären. Gleichwohl hätte er wider seine Lehre von der höchsten Glückseligkeit und von dem *principio* die Wahrheit zu erforschen etliche schwere Zweiffel."[198] Hier sei nur dargelegt, was sich auf Tschirnhaus' Stellung zu Spinoza bezieht. Sie stellen die Mehrzahl und das Kernstück der Einwände dar.

Tschirnhaus sei nicht auf die Lehre eines Philosophen der Vergangenheit festzulegen. Er sei ein „eclecticus". Er hätte besser freimütig bekannt, wessen Lehre er besonders zuneige, denn alle Eklektiker neigten einer Schule besonders zu. Tschirnhaus lasse einiges aus Platon, aber gleichfalls auch aus Epikur in seiner „Medicina mentis" anklingen. „so käme auch seine Lehre / daß das lustigste Leben das glücklichste sey / in etwas mit des Epicuri *doctrin de summo bono* überein / und *recommendi*rete er auch über dieses p. 16, den Lucretium, der / wie bekandt / von der secte des Epicuri gewesen."[199] Es werde auch deutlich, daß es Tschirnhaus mehr mit den Cartesianern als mit den Scholastikern und Peripatetikern hielte. Nun hätten „die Cartesianer selbst wiederum unterschiedene neue Secten unter sich ... in dem Malebranche, Spinosa, Poiret und andere ihre *principia* mehrentheils von Cartesio herführeten . . .[200] Es sei billig, vom Autor ein Bekenntnis zu verlangen, zu welcher „Sekte" er hielte. Tschirnhaus basiere auf einem Autor, habe aber dessen Namen nicht nennen wollen. Der „Freund" habe ihm, Thomasius, einen Auszug aus den Auffassungen besagten Autors zugesandt. Dieser Auszug sei hier wörtlich wiedergegeben:[201] „*Quicquid est, in Deo est & nihil sine Deo esse neqve concipi potest. Deus est omnium rerum causa immanens, non transiens. Falsitas consistit in cognitionis privatione. Primum genus cognitionis est, cum singularia mediante sensu percipimus, aut ex signis nobis res* *imaginamur, & appelatur imaginatio. Alterum, qvo notiones communes rerumqve proprietatum ideas adaeqvatas habemus, & vocatur ratio. Cognitio primi generis unica falsitatis causa, secunda autem est necessario vera, & docet nos verum a falso distinguere. Alibi indem autor cognitionem posterioris generis vocat ideam seu mentis conceptum, prioris autem imagines rerum, Doctrina de cognitione mentis facit, ut magis magisqve Deum intelligamus, reddit animum omnino qvietum, & ostendit, in qvo summa nostra felicitas sive beatitudo consistat. Bonum est, qvod certo scimus nobis utile esse. Malum, qvod certo scimus impedire, qvo minus boni alicujus simus compotes. Cognitio boni & mali nihil est aliud, qvam laetitiae & tristitae affectus, qvatenus ejus sumus conscii. Ratio nihil contra naturam postulat. Postulat ergo ipsa, ut unusqvisqve se ipsum amet, suum utile qvaerat & appetat, & absolute, ut unusqvisqve suum esse, qvantum in se est, conservare conetur. Qvod qvidem tam nessessario verum est, qvam, qvod totum sit sua parte majus. Deinde, qvoniam veritas nihil aliud est, qvam ex legibus propriae naturae agere, & nemo suum esse conservare conetur, nisi ex propriae suae naturae legibus, hinc seqvitur, virtutis fundamentum esse ipsum conatum, proprium esse conservandi, & felicitatem in eo consistere, qvod homo suum esse conservare possit. Et qvo magis adeo unusqvisqve suum utile qvaerere, hoc est, suum esse conservare conatur & potest, eo magis virtute praeditus est. Nulla enim virtus prior est, qvam conatus se conservandi. Qvicqvid ex ratione conamur, nihil aliud est, qvam intelligere, & nihil certo scimus bonum aut malum esse, nisi id, qvod ad intelligendum revera conducit, vel qvod impedire potest, qvo minus intelligamus. Laetitia directe mala non est, sed bona, Tristitia autem contra directe est mala. Hilaritas excessum habere neqvit, sed semper bona est. Acqviescentia in se ipso ex ratione oriri potest, & ea sola acqviescentia, qvae ex ratione oritur, summa est, qvae potest dari. In vita apprime utile est, intellectum seu rationem, qvantum possumus, perficere, & in hoc uno summo hominis felicitas seu beatitudo consistit, qvippe beatitudo nihil aliud est, qvam ipsa animi acquiescentia. Cum res illae sint bonae, qvae corporis partes juvant, ut suo officio fungantur, & laetitia in eo consistat qvod hominis potentia, qvatenus mente & corpore constat, juvatur vel augetur. Sunt ergo illa omnia, qvae laetitiam afferunt, bona. Summus mentis conatus, summaque virtus est res intelligere. Cognovimus, qvaenam sit prima via, cui mens insistere debeat, ut bene incipiat, qvae est, ut ad normam datae cujuscunque verae ideae pergat certis legibus inqvirere, qvod, ut recte fiat, haec debet methodus praestare. Primo veram ideam a caeteris omnibus distingvere mentam a caeteris perceptionibus cohibere. Secundo tradere regulas, ut res incognitae ad talem normam percipiantur. Tertio ordinem constituere, ne inutilibus defatigemur. Ut scire possim ex qva rei idea ex multis omnes subjecti proprietates possint deduci, unicum tantum observo, ut ea rei idea sive definitio causam efficientem experimat & c.*“

Thomasius hat, ebenfalls im März-Heft 1688, Spinozas „Opera posthuma“

ausführlich kritisiert und dessen „Ethik“ wie auch den „politisch-theologischen Traktat“ als gotteslästerlich denunziert.[202] Thomasius sichert sich mit dem „Freund“ zugleich vor dem Verdacht, Spinoza irgendwelche Konzessionen zu machen, denn ihm wurde zu dieser Zeit seitens der Orthodoxie ebenfalls Atheismus vorgeworfen.[203] Sich hinter seinem „Freund“ versteckend, äußert Thomasius die Vermutung, daß Tschirnhaus auf die zitierten spinozistischen Lehr-Sätze „nicht allein seine Thesin *de summo bono & de principio veritatis,* sondern auch seinen gantzen Methodum gegründet habe“; zwei weitere Sätze Spinozas werden als Beleg dafür angeführt: „*Quomodo & qva via debeat intellectus perfici, & qva deinde arte corpus sit curandum, ut possit suo officio rectè fungi, huc non pertinet. Hoc enim ad medicinam, illud autem ad Logicam spectat . . . Porro danda est opera morali Philosophiae, ut & doctrinae de puerorum educatione, & qvia valetudo non parvum est medium ad hunc finem asseqvendum, concinnanda est integra medicina. Sed ante omnia excogitandus est modus medendi intellectus, ipsumqve qvantum initio licet, ex purgandi, ut feliciter res absqve errore & qvam optime intelligat.*“[204]

Thomasius schreibt weiter, an besagten Autor sei ein Brief geschrieben worden, in dem es heiße: „*Methodum tuam rectae regendae rationis in acqvirenda veritatum incognitarum cognitione, ut & generalia in Physicis qvando impetrabimus ? & c. Praesens mihi indicasti methodum, qva uteris in indagandis nec dum cognitis veritatibus. Experior eam methodum esse valde praecellentem, & tamen valde facilem, quantum ego de ea concepi, & possum affirmare, hac unica observatione magnos me in Mathematicis fecisse progressus & c. Sic qvoqve, qvi applicatas curvarum considerat, multa deducet, qvae ad dimensionem harum spectant, sed majori felicitate, si consideremus tangentes.*“

Dies sind wörtliche Auszüge aus Tschirnhaus' Brief vom 5. Januar 1675 an Spinoza.[205] Thomasius beteuert, nicht zu wissen, ob dieser Brief von Tschirnhaus stamme, führt aber auch folgenden Auszug aus dem Antwortbrief Spinozas an Tschirnhaus an: „*Circa illa, qvae ais, qvod ille, qvi consideret applicatas curvarum, multa deducet, qvae ad dimensionem earum spectant, sed majori facilitate considerando tangentes & c. Ego contrarium puto, qvod etiam considerando tangentes multa alia difficilius deducentur, qvam considerando ordinatim applicatas.*“[206]

Tschirnhaus war offenbar zu Spinoza zuvor noch nicht in Beziehung gesetzt worden. Viele der vorgebrachten „Objectiones“ (der soeben behandelte Zentralangriff steht im ersten und ausführlichsten der 60 Einwürfe) sind zugleich Einwände gegen Spinozas und Tschirnhaus' System. Abschließend läßt sich Thomasius von seinem fiktiven Freund mitteilen: „daß der Herr Tschirnhausen auff seinen Reisen von oben besagten Philosopho (Spinoza – S. W.) gar zusehr müsse *charmi*ret und eingenommen worden seyn / daß er das *praejudicium* gar zu feste bey sich einwurtzeln lassen / als wenn derselbe

Philosophus in seinen *fundamentis* richtig wäre. Hieraus wäre nun ferner gefolgt / daß der Herr Tschirnhausen nach Anleitung dieses Philosophi einen irrigen *concept*, erstlich *de Deo*, hernach *de Homine*, und folglich *de Vero & Bono* erlanget hätte."[207]

Thomasius erkennt in Tschirnhaus also einen vollendeten Spinozisten; Descartes spielt in der Kritik – bei flüchtigem Hinsehen jedenfalls, das Problem harrt nach der Untersuchung, die 60 Punkte des „Freundes" sind dazu heranzuziehen – eine geringe Rolle. Schließlich gibt sich Thomasius „unparteiisch". Er erklärt zunächst seinen „Gewährsmann" für zuverlässig und sagt abschließend: Jedoch weil ich mir des Herrn Tschirnhausens Doctrin feste *imprimi*ret / und denselbigen guten Freund für so solide nicht halte / sondern mir einbilde / daß diese *objectiones* lauter *sophismata* seyn / so glaube ich dennoch / daß die medicina mentis in allem recht habe, und daß es nur der Unfähigkeit meines Verstandes / und Unerfahrenheit im *disputi*ren zuzuschreiben sey / daß ich auff die angeführten Einwürffe nicht antworten könne."[208] Voll gespielter Naivität ersucht er um Aufklärung, „was das für ein Autor seyn müsse / aus dem der Herr Tschirnhausen seine *hypotheses* soll genommen haben. Ich habe fast alle Cartesianer durchgeblättert / aber in keinem die *excerpir*ten loca angetroffen u. s. w."[209]

Außer Leo Bäck und Jean-Paul Wurtz hat m. E. noch kein Spinoza-Forscher diesen Streit zwischen Thomasius und Tschirnhaus näher untersucht, selbst nicht Johannes Verweyen, auch Eduard Winter übersieht dessen Wesen.[210] Es ist nur zu verständlich, daß Tschirnhaus den Vorwurf des Spinozismus, der für Eingeweihte völlig klar sein mußte, nicht auf sich sitzen lassen konnte. Er war „ein Todesurteil für den Verfasser, denn Spinozismus und Epikureismus bedeuteten damals nicht weniger als Atheismus und Materialismus, höchst gefährliche, todeswürdige Verbrechen."[211]

Tschirnhaus schrieb als Entgegnung auf die Rezension „Eilfertige Bedencken ...", die er angesehenen Zeitgenossen, wahrscheinlich aus dem Kreise um die „*Acta eruditorum*", zugehen ließ, damit er sich im Bedarfsfalle auf deren Urteil berufen konnte. Diese Bemerkungen waren nicht für den Druck bestimmt. Aber Thomasius bekam sie in die Hände, druckte sie im Juniheft der „Monats-Gespräche" ab und schloß daran eine scharfe Kritik.[212]

Tschirnhaus sucht in seiner Verteidigung vor allem den Vorwurf des Spinozismus abzuweisen. Das sei an einigen Punkten dargelegt. Interessanterweise verteidigt sich Tschirnhaus zunächst gegen Einzelanwürfe, wie sie der „Freund" in seinen „Objectiones" 2–60 gegeben hat. Dabei kommt viel zur Präzisierung der Philosophie Tschirnhaus' zutage, worauf hier nicht eingegangen werden kann. Verständlich ist, daß sich Tschirnhaus gegen den Vorwurf des Epikureismus zur Wehr setzt. Er erkennt auch durchaus, daß er verketzert werden soll: „In *Summa* er (Thomasius – S. W.) hätte mich gerne so bey allen / die vor die schlimmsten Secten geachtet werden."[213] Auf den Vorwurf, die Cartesianer hätten sich in die „Sekten" Malebranches, Spinozas und Poirets geteilt, antwortet Tschirnhaus, er kenne viele, die keinen der drei Autoren gelesen hätten, sondern die Weiterentwicklung der cartesischen Ideen aus Eigenem schöpften.[214] Die herangezogenen (spinozistischen) Sätze: „*Quicquid est in Deo est, & nihil sine Deo nec esse concipi potest. Item: Deus est omnium rerum causa immanens non transiens*" habe er niemals gelehrt.[215] Er weiß stets, daß er mit Spinoza verglichen wird. Nie aber spricht er von Spinoza! Er nennt ihn „dieser Philosophus", dieser Autor usw.; er weist darauf hin, daß „dieser Autor" ungenau zitiert bzw. interpretiert wurde, daß er ihn weiterentwickelt habe oder anderes lehre. Einzeluntersuchungen sind auch hier erforderlich. Gelegentlich wird Tschirnhaus offensiv. Nach dem Aufzählen einer Reihe von angegriffenen Stellen schreibt er „Wiewohl wenn auch gleich in allen diesen ich mit gedachtem Philosopho gäntzlich einig / was verschlüge es? So wenig / als die Scholastici mit ihrem Aristotele einig / oder sonst mit andern Heydnischen scribenten?[216] Und noch deutlicher: „Es läge ja auch nichts daran / wenn ich gleich ein Sectarius von einem Philosopho / wäre der ein Jude; In dem meisten alle Scholastici dem Aristoteli anhangen / der gewiß kein Christ nicht ist; Also muß er nun nothwendig wohl davorhalten / daß ich seiner Lehre beypflichte / insoweit sie dem Christenthum contrar. Und will wohl den gerne sehen / der in meinen tractat dergleichen etwas wird anzeigen können."[217] Daß sich Tschirnhaus stets auf Spinoza bezieht, bezeugt sein Hinweis „... es lese nur einer das Ende der 370. Seite im Tractat de emendatione intellectus, und den Anfang der 371. Seite" wo eben stehe, daß „sein Methodus nicht aus dreyen / sondern aus vier Theilen bestehet ..."[218] Auch gesteht er ein, wenn auch abschwächend und ohne Namensnennung, mit „dem Philosopho" korrespondiert zu haben.[219] Er beteuert alles, was er in der „Medicina mentis" geschrieben, sei dem Christentum sehr förderlich.[220] Eine Reihe von „Objectiones" erklärt er mit Druckfehlern. Nun ist die Fehlerhaftigkeit des Erstdruckes nicht zu übersehen. Tschirnhaus hatte am 12. Mai 1687 an Christiaan Huygens geschrieben, zum einen sei sein Werk noch an vielen Stellen unverständlich, deshalb habe er dazugelernt, „daß ich in der 2. Ausgabe sehr viel hinzufüge ... und so habe ich an verschiedenen Stellen verschiedene und zwar notwendige ‚Admonitiones' eingefügt, wie ich auch grobe Irrtümer, die sich wegen meiner Abwesenheit (vom Druckort Amsterdam – S. W.) eingeschlichen hatten, berichtigt habe."[221] Aber Tschirnhaus' Spinozismus ist kein „Druckfehler-Spinozismus"! In der 2. Auflage der „Medicina mentis" hätte sonst alles für Spinoza Sprechende beseitigt sein müssen.[222]

Thomasius leitet seine Kritik an Tschirnhaus, nach kommentarlosem Abdruck der „Eilfertigen Bedencken“, u. a. mit dem Satz ein: „Ich habe bißhero allezeit geglaubet / daß er (Tschirnhaus – S. W.) ein galant homme und ein Grund gelehrter Mann sey: Anitzo aber weiß ich gewißlich nicht / was ich mehr dencken sol.“[223] Tschirnhaus hatte abschließend in seinen „Bedencken“ erklärt, er betrachte die Rezension in der März-Nummer als Ausdruck „einer sonderbaren malice“ und kündigte an, dagegen künftig die Mittel zu gebrauchen, „die mir GOtt, Stand und Geburth an die Hand gegeben.“[224] Das ruft zunächst Thomasius' (d. h. des in seinem Namen sprechenden Flavio) Spottsucht hervor, der er freien Lauf läßt. Zudem sei das „Bedencken“ wahrhaft eilfertig, nicht aber ausgereift. Tschirnhaus' Schriftstück ziele darauf, „daß der Herr T. in demselben darthun will, ich wäre (1) ein Pedante, (2.) ein ignorante, und hätte (3.) meine objectiones aus einer grossen malice verfertiget.“[225] Dagegen nimmt Flavio – Thomasius zunächst Stellung. Die „malice“ sieht er darin, daß er nach Tschirnhaus die Worte „des ihme bewusten Philosophi zerstümmelt angeführet,“[226] worauf noch später Bezug genommen wird. Thomasius steht zu seinen Ausführungen, er verschärft sie sogar bei Erörterung der einzelnen „Bedencken“. So sagt er, bezogen auf die Tugendlehre, daß Tschirnhaus „in seiner *Medicina mentis* am meisten von allen andern Philosophis, am wenigsten aber von demselbigen Philosopho (Spinoza – S. W.) abweicht.“[227] Auch hinsichtlich der Morallehre sei bei Tschirnhaus nichts zu finden, was nicht schon bei dem „offtgedachten Philos.“ stehe, wobei „die morale desselben Philosophi, die aller gottloseste morale sey / so jemahls gelehret worden.“[228] Auch der Vorwurf, Tschirnhaus sei Anhänger Epikurs, wird noch verstärkt.[229] Als Paukenschlag wird die Anonymität verlassen.

Tschirnhaus hatte in seinen „Bedencken“ gemeint, als Anhänger Descartes' müsse man keineswegs einer der von ihm ausgehenden Schulen anhängen. Dawider setzt Thomasius, es sei zu verwundern, daß Tschirnhaus „mehr aus dem Spinosa (denn dieses ist der bishero ungenannte Philosophus) als aus dem Cartesio gelernet habe. Er mag sich winden wie er will / so ist mein extract, den ich pag. 421 sqq. gesetzet / und die darbey allegirten paginae aus denen *operibus posthumis spinosae,* nebst denen angehengten und unbeantworteten *Objectionibus sufficient* genung ihn dessen zu convinciren.“[230] Nun folgt Schlag auf Schlag. Tschirnhaus wird beschuldigt, „daß er es in der *doctrin de Deo* mit Spinosa halte.“ Gleiches gelte für die „*definitio falsitatis Spinosae*“, für die „Eintheilung derer *generum cognoscendi*“ und für die „*definitio boni & virtutis*“. Thomasius schließt scharfsinnig, in Spinozas Definition des Guten und der virtus stecke ein gehöriger Teil des spinozistischen Atheismus.[231] Tschirnhaus müsse „Kindern weiß machen / daß er mit dem Spinosa nicht solte wohl bekant gewesen seyn / er / der von Zeit an / als er für etlichen Jahren mit einem berühmten und hochgelahrten Manne den Herrn S. P. in Engelland gereiset / allezeit ein Admirator Spinosae gewesen / und seit dem vielfältige Gelegenheit gehabt / mit Spinosa zu conversiren."[232] Thomasius löst auch die Initialen des mehrfach von ihm und auch von Tschirnhaus angeführten Herrn P. als Pierre Poiret auf. Man könne über Poirets Theologie sicher unterschiedlich urteilen. Tschirnhaus aber beschreibe den Herrn P. so „*odioes* . . . weil dieser des Spinosae seine *principia Atheistica solide refutiret*" und Poirets Werk sei weiter hoch zu loben, „weil aller Christlichen Religionen ihr gemeines interesse ist / daß das Gifft des Spinosae nicht weiter um sich fresse / am meisten aber hier in Teutschland / da noch zeithero dasselbige gantz unbekant gewesen / und dannenhero wohl zuverhüten ist / daß solches sich nicht auch einschleiche."[233] Thomasius verweist auf pag. 19, 44, 215, 217 der Erstausgabe der „Medicina mentis" und erklärt die dortigen Ausführungen, „*de Deo & mente*" für eindeutig spinozistisch.[234] Auch Tschirnhaus' Druckfehler-Entschuldigung läßt er nicht gelten. Nach Thomasius handelt es sich nicht um Druckfehler, sondern um die Grundanschauungen des Autors. Wenn Tschirnhaus seine „*Flosculos Spinosismi*" in einer Zweitauflage fortlasse, so habe er damit nicht Druckfehler korrigiert, sondern seine Grundauffassung.[235] Thomasius erklärt sich bereit, im Fortgang seiner Replik immer heftiger werdend, Tschirnhaus künftig noch deutlicher darauf hinzuweisen, „daß hin und wieder in seiner *medicina mentis* Blümchen aus des Spinosae Lustgarten hervor gucken: daß noch zur Zeit keine schlimmere Logic als die seine heraus kommen / und daß sein *primum principium ratiocinandi* auff der Welt nichts tauge / auch endlich daß seine morale auff gantz sandigten Grund gebauet sey."[236]

Tschirnhaus mußte sich nun erneut verteidigen. Er schrieb einen „Anhang An Mein so genantes Eilfertiges bedencken worinnen, die im Monath Junio der Schertz und Ernsthafften gedancken enthaltene *objectiones* beantwortet werden." Tschirnhaus streitet hier vor allem eine theoretische Affinität zu Spinoza entschieden ab, bekennt sich hingegen zu Descartes.[237] Dieser „Anhang" wurde nicht veröffentlicht.[238] Offenbar ist zwischen Tschirnhaus und Thomasius vermittelt worden, wahrscheinlich durch Philipp Jakob Spener oder dessen Schwiegersohn Adam Rechenberg, der zeitweilig mit Tschirnhaus zusammengearbeitet hat. Spener hatte Tschirnhaus' „Medicina mentis" gelesen.[239] Tschirnhaus stellt seine Angriffe auf Thomasius ein. Thomasius kommt im Januar-Heft 1689 der „Monats-Gespräche" nochmals auf den Streit zurück und zwar in einer Form, die einer Entschuldigung gleichkommt, bzw. die Möglichkeit zur Versöhnung bietet.[240]

Tschirnhaus wirkte als Philosoph, Pädagoge, Mathematiker, Physiker, Chemiker, Politiker, Wissenschaftsorganisator und nicht zuletzt als genialer Techniker. Er verband in hervorragender Weise Theorie und Praxis. Er ist einer der Bahnbrecher des Akademiegedankens, einer der Väter der modernen multidisziplinären Forschungsakademie im europäischen und Weltmaßstab. Auch an der Gründung der Berliner Akademie sowie ihrer Frühzeit hat er Anteil. Durch die seinem Partner Leibniz übermittelten Ideen, Anregungen und Ermunterungen sowie durch seine Schüler und weitere Korrespondenten, die Berlins Akademie in ihrer ersten Periode trugen, hat Tschirnhaus wesentlichen Einfluß nehmen können. Besonders aber fühlt sich unsere Akademie Tschirnhaus verpflichtet, der immer vorrangig in und für Sachsen wirkte, der trotz lockender Angebote nicht ins preußische Halle bzw. an die Berliner Akademie ging. Tschirnhaus hat in Sachsen Spuren hinterlassen. Wie wirkte er philosophisch weiter – außer auf Christian Wolff? Oder wirkte er nicht unmittelbar – beim großen Leibniz läßt sich nur Michael Gottlieb Hansch als unmittelbarer Schüler ausmachen. Auch in dieser Hinsicht sind uns Forschungsprobleme aufgegeben. Reichhaltiges Material harrt der Aufbereitung. Es befindet sich u. a. im Staatsarchiv Dresden, in Archiven bzw. Bibliotheken in Görlitz, Zittau, Berlin, Wrocław, Hannover, Marburg, Wien, Paris und London. Neue Aspekte über von Tschirnhaus' Verbindungen zum Halleschen Pietismus dürften die Untersuchung seiner Beziehungen zu Johann Neuherz eröffnen, der von 1681–1696 Pfarrer in Kieslingswalde war.[241]

Wir gehen, gleich der Akademie der Wissenschaften zu Berlin, großen Jubiläen entgegen: 1996 begehen wir den 150. Jahrestag der Gründung unserer Akademie, im gleichen Jahr den 350. Geburtstag von Gottfried Wilhelm Leibniz, in das Jahr 2000 fällt der 300. Jahrestag der Gründung der Akademie der Wissenschaften der DDR, ins Jahr 2001 der 350. Geburtstag von Tschirnhaus. Bislang steht der Bedeutung von Tschirnhaus und diesen Gedenkjahren diametral entgegen, daß Tschirnhaus' Werke und die anderen aus seinem Wirken überlieferten Aufzeichnungen, Briefe und Arbeiten noch nicht in einer Gesamtausgabe vorliegen. Pläne dazu hat es an der Akademie der Wissenschaften zu Berlin in den 50er und 60er Jahren gegeben, unter Federführung des verdienstvollen Eduard Winter, später an der Leopoldina in Halle, ebenfalls unter Winters Federführung. Er beabsichtigte eine textkritische Gesamtausgabe zu inaugurieren. Dazu hat er eine Fülle des verstreuten Materials gesammelt, u. a. 235 Briefe von und an Tschirnhaus. Die Akademie der Wissenschaften der DDR und die Sächsische Akademie der Wissenschaften zu Leipzig beabsichtigen, eine kritische Tschirnhausausgabe herauszubringen. Mit der hier zu leistenden Arbeit bezeugen wir nicht nur unseren Respekt vor einem unserer Ahnen. Wir pflegen damit auch die Multidisziplinarität unserer Mitglieder und arbeiten bewußt und zielstrebig an einer alten wie ewig neuen Aufgabe: der Bewältigung jener Fragen, die uns die Vergangenheit hinterlassen und zugleich aufgegeben hat.

ANMERKUNGEN

1 Vgl. S. Wollgast, Zur Stellung des Gelehrten in Deutschland im 17. Jahrhundert, Berlin 1984 (Sitzungsber. d. Sächs. Akad. d. Wissenschaften zu Leipzig, Phil.-hist. Kl. Bd. 125, H. 2)

2 Chr. Kortholt, De tribus impostoribus magnis Liber, Kiel 1680; Vgl. De tribus impostoribus Anno MDIIC – von den drei Betrügern 1598 (Moses, Jesus, Mohammed), hrsg. und eingel. von G. Bartsch, Berlin 1960; W. Gericke, Das Buch „De Tribus Impostoribus", Berlin 1982. Zur Betrugshypothese vgl.: J. Presser, Das Buch „De tribus impostoribus" (Von den drei Betrügern), Phil. Diss. Amsterdam 1926.

3 E. Lord Herbert of Cherbury, De veritate. Editio tertia. De causis errorum, De Religione Laici, Parerga. Faks. – Neudr. d. Ausg. London 1645, hrsg. u. eingel. von G. Gawlick, Stuttgart – Bad Cannstatt 1966, S. 208–226; vgl.: K. Vorländer, Philosophie der Neuzeit. Die Aufklärung. Geschichte der Philosophie V, bearb. von H. Knittermeyer, Reinbek bei Hamburg 1975, S. 18; W. Röd, Die Philosophie der Neuzeit 2. Von Newton bis Rousseau, München 1984, S. 149–150.

4 R. Lieberwirth, Die französischen Kultureinflüsse auf den deutschen Frühaufklärer Christian Thomasius, in: Wissenschaftl. Zeitschrift d. Martin-Luther-Universität Halle–Wittenberg, Gesellschafts- und Sprachwiss. Rhe, Halle 33 (1984) H. 1, S. 63–73.

5 K. Marx / F. Engels, Manifest der Kommunistischen Partei, in: MEW, Bd. 4, Berlin 1959, S. 463–468.

6 Vgl. F. Engels, Die Entwicklung des Sozialismus von der Utopie zur Wissenschaft, in: MEW, Bd. 19, Berlin 1969, S. 189–193.

7 K. Marx, Grundrisse der Kritik der politischen Ökonomie ..., Berlin 1953, S. 916; F. Engels, Anti-Dühring, in: MEW, Bd. 20, Berlin 1962, S. 17.

8 Vgl. T. I. Oiserman, Probleme der Philosophie und der Philosophiegeschichte, Berlin 1972, S. 233–244.

9 Zum Gesamtkomplex vgl. S. Wollgast, Der deutsche Pantheismus im 16. Jahrhundert. Sebastian Franck und seine Wirkungen auf die Entwicklung der pantheistischen Philosophie in Deutschland, Berlin 1972. S. Wollgast, Zur Philosophie in Deutschland von der Reformation bis zur Aufklärung, Berlin 1982 (Sitzungsber. d. Sächs. Akad. d. Wissenschaften zu Leipzig, Phil.-hist. Kl. Bd. 122, H. 6); S. Wollgast. Die Philosophie in Deutschland zwischen Reformation und Aufklärung (Akademie-Verlag Berlin – im Druck).

10 Vgl. H. Kangro, Joachim Jungius' Experimente und Gedanken zur Begründung der Chemie als Wissenschaft. Ein Beitrag zur Geistesgeschichte des 17. Jahrhunderts, Wiesbaden 1968.

11 Vgl. H. Ley, Zur Entwicklungsgeschichte der europäischen Aufklärung, in: Wiss. Zeitschrift d. Technischen Hochschule Dresden, Dresden 4 (1954/55) 3, S. 385–444; Z. Ogonowski, Sozynianizm a Oświecenie. Studia nad myslą filozoficzno-religijną arian w Polsce XVII wieku, Warszawa 1966; H. Ley, Geschichte der Aufklärung und des Atheismus, Bd. 3/1, Berlin 1978, S. 392–434.

12 W. Bahner, Einleitende Bemerkungen zu einigen methodologischen Aspekten; in: Renaissance – Barock – Aufklärung, hrsg. von W. Bahner, Berlin 1976, S. 9.

13 Ebenda, S. 10; vgl. H. P. H. Teesing, Das Problem der Perioden in der Literaturgeschichte, Groningen 1948.

14 W. Bahner, „Aufklärung" als Periodenbegriff der Ideologiegeschichte, in: Renaissance – Barock – Aufklärung, a. a. O., S. 157 (auch in: Aufklärung – Gesellschaft – Kritik, Studien zur Philosophie der Aufklärung (I), hrsg. von M. Buhr / W. Förster, Berlin 1985, S. 29)

15 W. Bahner, Zur Einordnung der „Aufklärung" in die literarhistorische Periodisierung, in: Renaissance – Barock – Aufklärung, a. a. O., S. 64; vgl. W. Bahner, „Aufklärung" als Periodenbegriff der Ideologiegeschichte, a. a. O., S. 154–156.

16 Th. Mahlmann, Aufklärung, in: Historisches Wörterbuch der Philosophie, Bd. 1, hrsg. von J. Ritter, Basel – Stuttgart 1971, Sp. 620–635; D. Harris, Enlightenment, in: Encyclopaedia Britannica, Bd. 8, Chicago (u. a.) 1966, S. 598–602; W. Oelmüller, Aufklärung, in: Handbuch philosophischer Grundbegriffe, Bd. 1, hrsg. von H. Krings, H. M. Baumgartner, Chr. Wild, München 1973, S. 141–142.

17 H. Stuke, Aufklärung, in: Geschichtliche Grundbegriffe. Historisches Lexikon zur politisch-sozialen Epoche in Deutschland, Bd. 1, hrsg. von O. Brunner, W. Conze, R. Kosseleck, Stuttgart 1972, S. 245. Höchst problematisch in der Aussage wie in der Terminierung ist L. M. Marsak (The Enlightenment, New-York (u. a.) 1972, S. 3: „The Enlightenment was perhaps the end of the Renaissance or of the Middle Ages, or else the beginning of modern times, as some have argued, but there can be no doubt about its essential character. It was an age of secular or scientific humanism. It drew sustenance from the seventeenth-century accomplishments in science and reason, but its chief concerns were for ethics and social thought. It was the last great age of political theory, and we have been living off its ideas until the present, when in all aspects of public life they are in retreat. The Enlightenment was the work of the philosophes – the intellectuals who made it They are known by the French word because the Enlightenment was primarily a French phenomenon. . . ."

18 J. Mittelstraß, Aufklärung, in: Enzyklopädie Philosophie und Wissenschaftstheorie, Bd. 1, hrsg. von J. Mittelstraß, Mannheim – Wien – Zürich 1980, S. 215.

19 J. Mittelstraß, Neuzeit und Aufklärung. Studien zur Entstehungsgeschichte der neuzeitlichen Wissenschaft und Philosophie, Berlin (West) – New-York 1970, S. 6.

20 Ebenda, S. 7.

21 E. Troeltsch, Leibniz und die Anfänge des Pietismus, in: E. Troeltsch, Gesammelte Schriften, Bd. IV: Aufsätze zur Geistesgeschichte und Religionssoziologie, hrsg. von H. Baron, Tübingen 1925, S. 488–531, bes. 508, 531. „In Deutschland hat, was die Eigenart und Kühnheit, Tiefe und Weite des Denkens betrifft, niemand die Ideen der Aufklärung mächtiger vertreten als Gottfried Wilhelm Leibniz . . .“ (E. Ermatinger, Deutsche Kultur im Zeitalter der Aufklärung, bearb. von E. Thurnher und P. Stapf, Einleitung von A. Wandruszka, Frankfurt/M. 1969, S. 23). Ähnlich: C. von Brockdorff, Die deutsche Aufklärungsphilosophie, München 1926, S. 11. Nach E. Winter ist G. W. Leibniz „ein Mitbegründer der deutschen, ja der europäischen Aufklärung gewesen.“ (E. Winter, G. W. Leibniz und die Aufklärung, Berlin 1968, S. 3 = Sitzungsber. d. Dtsch. Akad. d. Wissenschaften zu Berlin, Kl. f. Philosophie, Geschichte, Staats-, Rechts- und Wirtschaftswissenschaften, Jhrg. 1968, H. 3).

22 B. Burmeister/E. Richter, Die französische Aufklärung – Historische Bedingungen und Hauptetappen ihrer Entwicklung, in: Französische Aufklärung. Bürgerliche Emanzipation, Literatur und Bewußtseinsbildung, 2. Aufl., Leipzig 1979, S. 8–9.

23 W. Krauss, Studien zur deutschen und französischen Aufklärung, Berlin 1963, S. 184, S. 200f.; Vgl. W. Krauss, Studien zur französischen Frühaufklärung, Frankfurt/M. 1971, S. 12.

24 B. Burmeister/E. Richter, Die französische Aufklärung, a. a. O., S. 43.

25 A. Kobuch, Aspekte der Frühaufklärung in Kursachsen, besonders auf theologischem Gebiet, in: Jahrbuch für Regionalgeschichte, Weimar 12 (1985) S. 99–103; A. Kobuch, Die Zensur in Kursachsen zur Zeit der Personalunion mit Polen (1697–1763). Beiträge zur Geschichte der Aufklärung, Phil. Diss. Humboldt-Universität zu Berlin, Berlin 1965; A. Kobuch, Aspekte des aufgeklärten bürgerlichen Denkens in Kursachsen in der ersten Hälfte des 18. Jh. im Lichte der Bücherzensur, in: Jahrbuch für Geschichte, Berlin 19 (1979) S. 251–253.

26 Vgl. E. Richter, Die Aufklärung und die Berliner Hugenotten, in: Beiträge zur romanischen Philologie, Berlin 9 (1970) S. 52–61; C. Grau, Les Réfugiés Françaises dans l'Académie du Roi, in: Spektrum, Berlin 16 (1985) H. 9, S. 29–31.

27 Vgl. G. Mühlpfordt, Die deutsche Aufklärung und ihr Zentrum Halle – Leipzig, in: Wissenschaftliche Annalen, Berlin 2 (1953) S. 370–385. In der Geschichte der deutschen Literatur von den Anfängen bis zur Gegenwart, Hrsg.: H.-G. Thalheim. Bd. 6: Geschichte der deutschen Literatur vom Ausgang des 17. Jahrhunderts bis 1789 Erster Teil (1700–1770), (Autorenkollektiv, Leitung: W. Rieck in Zusammenarbeit mit P. G. Krohn) Berlin 1979 werden ebenfalls unterschiedliche Zentren und Phasenverschiebungen in den einzelnen deut-

schen Ländern bei der Herausbildung der Frühaufklärung genannt, bes. wird Hamburgs Rolle betont (S. 25–26). Gleichzeitig wird eine Abhängigkeit der deutschen Frühaufklärung von der Entwicklung Englands, Frankreichs und der Niederlande gesehen (S. 22–23). Widersprüchlich erscheint das Konstatieren eines späteren Einsetzens der Frühaufklärung in Deutschland, wenn ihr Beginn ebenfalls wie in diesen Ländern auf die letzten Dezennien des 17. Jh. festgesetzt wird. Zu Hamburg vgl.: F. Kopitzsch, Grundzüge einer Sozialgeschichte der Aufklärung in Hamburg und Altona, T. 1–2, Hamburg 1982.

28 M. Wundt, Die deutsche Schulphilosophie im Zeitalter der Aufklärung, Tübingen 1945 (Reprint Hildesheim 1964), S. 18, S. 137.

29 F. Paulsen, Aufklärung und Aufklärungspädagogik, in: Aufklärung, Absolutismus und Bürgertum in Deutschland. Zwölf Aufsätze, hrsg. von F. Kopitzsch, München 1976, S. 275.

30 B. Bauer, Geschichte der Politik, Cultur und Aufklärung des achtzehnten Jahrhunderts, Bd. 1: Deutschland während der ersten vierzig Jahre des achtzehnten Jahrhunderts, Charlottenburg 1843, S. 151–152.

31 K. Biedermann, Deutschland im Achtzehnten Jahrhundert. Bd. 1: Deutschlands geistige, sittliche und gesellige Zustände im Achtzehnten Jahrhundert, 2. vermehrte und verb. Aufl., Leipzig 1880, S. 185, S. 189–191, 348 u. ä.

32 Ebenda, S. 397 (hervorgeh. – S. W.)

33 W. Schmidt-Biggemann, Emanzipation durch Unterwanderung. Institutionen und Personen der deutschen „Frühaufklärung", in: Aufklärung in Deutschland, hrsg. von P. Raabe/W. Schmidt-Biggemann, Bonn 1979, S. 45, 47, 60f.

34 R. Zaunick, Ehrenfried Walther von Tschirnhaus in seinem Werden und Wirken, in: E. W. von Tschirnhaus, Medicina mentis sive artis inveniendi praecepta generalia. Editio nova (Lipsiae 1695). Erstmalig vollständig ins Deutsche übers. und kommentiert von J. Haussleiter, Leipzig 1964, S. 10. (künftig zitiert: Medicina mentis 1695 (1963).)

35 F. Valjavec, Die Aufklärung, in: F. Valjavec, Ausgewählte Aufsätze, hrsg. von K. A. Fischer und M. Bernath, München 1963, S. 271–272. M. E. gilt auch für Deutschland: „Die Aufklärer griffen bei ihren Darlegungen auf Traditionen zurück, die auf eine Säkularisierung des gesellschaftlichen Denkens abzielten. Sie eigneten sich daraus in einem schöpferischen Prozeß die Elemente an, die den eigenen gesellschaftlichen Bedürfnissen entgegenkamen und für die Bewältigung der erforderlichen Aufgaben einen produktiven Faktor zu bilden vermochten. Das progressive Erbe, das die Aufklärer erkundeten, kritisch sichteten und nutzten, stellte selbstverständlich noch kein aufklärerisches Denken dar, auch wenn es nur in die erste Hälfte des 17. Jahrhunderts zurückreichte. Es war anderen Dominanten unterworfen. Was als Element der Aufklärung erschien, war einst in ein anderes System integriert gewesen." (W. Bahner, Aufklärung als Periodenbegriff der Ideologiegeschichte, a. a. O., S. 157) Das sollte man nicht nur auf die Säkularisierung beziehen.

36 Aus der Frühzeit der deutschen Aufklärung. Christian Thomasius und Chri-

stian Weise, hrsg. von F. Brüggemann, Weimar – Leipzig – Wien 1928; S. 1.; F. Brüggemann, Das Weltbild der deutschen Aufklärung. Philosophische Grundlage und literarische Auswirkung: Leibniz–Wolff–Gottsched–Brockes – Haller, Leipzig 1930, S. 5, ähnlich: G. Sauder, Christian Thomasius, in: Deutsche Aufklärung bis zur Französischen Revolution 1680–1789, hrsg. von R. Grimminger, München – Wien 1980, S. 242-250 und schon K. Biedermann, Deutschland im Achtzehnten Jahrhundert, 2. Aufl., Bd. 1, a. a. O., S. 348.

37 R. Vierhaus, Deutschland im Zeitalter des Absolutismus (1648–1789), Göttingen 1978, S. 108. Ebenso: P. Pütz, Die deutsche Aufklärung, Darmstadt 1978, S. 3. Nach G. Funke (Aufklärung – eine Frage der moralischen Haltung?, in: Zeitgeist der Aufklärung, hrsg. von H.-J. Schoeps, Paderborn 1972, S. 110) und E. Coreth/H. Schöndorf (Philosophie des 17. und 18. Jahrhunderts, Stuttgart (u. a.) 1983, S. 90) beginnt die eigentliche Philosophie der deutschen Aufklärung erst mit Chr. Wolff. Nach W. Philipp (Das Werden der Aufklärung in theologiegeschichtlicher Sicht, Göttingen 1957, S. 16) soll der Begriff des Wolffianismus „Werden und Erscheinungsbild insbesondere der deutschen Frühaufklärung decken".

38 Ebenda, S. 107. Vgl.: R. Vierhaus, Zur historischen Deutung der Aufklärung: Probleme und Perspektiven, in: Aufklärung in Deutschland, a. a. O., S. 26. der Aufklärung „Das Gedankengut dringt in der ersten Hälfte des 18. Jahrhunderts, zunächst von außen her, in Deutschland ein: erst aus England, später auch aus Frankreich. Doch bleibt die Aufklärung hier zumeist gemäßigter als in ihren Ursprungsländern." (E. Coreth/H. Schöndorf, Philosophie des 17. und 18. Jahrhunderts, a. a. O., S. 90).

39 K. Fischer, Geschichte der neuern Philosophie, Bd. 3: Gottfried Wilhelm Leibniz, 5., durchges. Aufl., Heidelberg 1920, S. 592, 606, 611 u. a.

40 H. M. Wolff, Die Weltanschauung der deutschen Aufklärung in geschichtlicher Entwicklung, 2. Aufl., Bern – München 1963, S. 27, S. 99–100.

41 W. Schneiders, Die wahre Aufklärung. Zum Selbstverständnis der deutschen Aufklärung, Freiburg – München 1974, S. 14. „Die deutsche Frühaufklärung ist ein Phänomen eigener Art und eigenen Ursprungs, für das die Philosophen Leibniz, Thomasius und Wolff als repräsentativ gelten können. . . . Leibniz wird, obwohl er in den Philosophiegeschichten vielfach als letzter der großen Systematiker des 17. Jahrhunderts erscheint, nicht zufällig öfters auch als erster deutscher Aufklärer genannt – allerdings meist nicht ohne Einschränkung. In der Tat wird man ihn, da er schon bewußt zwischen der philosophischen und religiösen Tradition und der modernen Naturwissenschaft zu vermitteln versuchte, nicht einfach als einen Neuerer im Sinne der Aufklärung betrachten dürfen, obwohl er zweifellos Rationalist in einem vielfachen Sinne war. Zumindest müßte die Aufklärung, die er repräsentiert, scharf als ein eigenständiger Typus gegen die Aufklärung im Sinne von Bayle, aber auch von Locke und Toland abgegrenzt werden; bekanntlich ist er nicht nur nicht von ihnen abhängig (und auch nicht von Descartes), er bekämpft sie zum Teil sogar als gefährliche Radikale. Am ehesten scheint er Aufklärer genannt werden zu dürfen, wenn es nach der Verwendung des Wortes aufklären bzw.

éclairer geht." (W. Schneiders, Leibniz–Thomasius–Wolff. Die Anfänge der Aufklärung in Deutschland, in: Akten des II. Internationalen Leibniz-Kongreßes Hannover 17–22. 7. 1972, Bd. 1, Wiesbaden 1973, S. 107) „Thomasius kann ... als geistiger Kronjurist des Pietismus angesehen werden, wie er es im Ketzerprozeß gegen Francke praktisch gewesen ist. Soweit es Thomasius betrifft, ist daher die frühe deutsche Aufklärung dem frühen deutschen Pietismus gleichzusetzen." H. Herrmann, Das Verhältnis von Recht und pietistischer Theologie bei Christian Thomasius, Jur. Diss., Kiel 1971, S. 127; vgl.: A. Nebe, Thomasius in seinem Verhältnis zu A. H. Francke, in: Christian Thomasius. Leben und Lebenswerk. Abhandlungen und Aufsätze, hrsg. von M. Fleischmann, Halle 1931, S. 385–411.

42 M. Wundt, Die deutsche Schulphilosophie im Zeitalter der Aufklärung, a. a. O., S. 3.

43 J. Verweyen, Ehrenfried Walter von Tschirnhaus als Philosoph. Eine philosophie-geschichtliche Abhandlung. Bonn 1905, S. 127.

44 W. Krauss, Über die Konstellation der deutschen Aufklärung, in: W. Krauss, Studien zur deutschen und französischen Aufklärung, a. a. O., S. 368.

45 J. Streisand, Geschichtliches Denken von der deutschen Frühaufklärung bis zur Klassik, Berlin 1964, S. 14.

46 W. Dilthey, Leibniz und sein Zeitalter, in: W. Dilthey, Gesammelte Schriften, Bd. 3: Studien zur Geschichte des deutschen Geistes, Leipzig – Berlin 1927, S. 69.

47 E. Winter, Frühaufklärung. Der Kampf gegen den Konfessionalismus in Mittel- und Osteuropa und die deutsch-slawische Begegnung, Berlin 1966, S. 5.

48 Ebenda, S. 7–19.

49 K. Barth, Die protestantische Theologie im 19. Jahrhundert. 3. Aufl., Berlin 1961, S. 64. Vgl. die positive Wertung Franckes in: August Hermann Francke 1663–1727; hrsg. von R. Ahrbeck und B. Thaler, Martin-Luther-Universität Halle–Wittenberg, Wissenschaftl. Beiträge 1977/37 (A 39), Halle (Saale) 1977.

50 Ebenda, S. 65, vgl. S. 77–78 die von Barth angemerkten inhaltlichen Gemeinsamkeiten von Rationalisten und Pietisten im 18. Jh. Nach D. Narr (Berührung von Aufklärung und Pietismus im Württemberg des 18. Jahrhunderts, in: Blätter für Württembergische Kirchengeschichte, Stuttgart 66/67 (1966/67) S. 264ff.) läßt sich „das Verhältnis von Pietismus und Aufklärung nur dann befriedigend bestimmen ..., wenn man erkennt, daß es sich um kein bloßes Nacheinander und Nebeneinander, beileibe auch nicht nur um ein Gegeneinander, vielmehr um ein Zueinander (und gelegentlich vielleicht sogar um ein Durcheinander) gehandelt habe" (Ebenda, S. 269).

51 Ebenda, S. 93.

52 J. Wallmann, Philipp Jakob Spener – Begründer des Pietismus? Ein Beitrag zu den Beziehungen zwischen deutscher und finnischer Kirchengeschichte, in: Pietismus – Herrnhutertum – Erweckungsbewegung. Festschrift für Erich Beyreuther, Hrsg.: Dietrich Meyer, Köln 1982, S. 22. Vgl.: M. Schmidt,

Pietismus, 2. unveränd. Aufl.; Stuttgart – Berlin (West) – Köln – Mainz 1978; E. Beyreuther, Geschichte des Pietismus, Stuttgart 1978; M. Schmidt, Art. „Pietismus", in: Die Religion in Geschichte und Gegenwart. 3., völlig neu bearb. Aufl., Bd. 5. Tübingen 1961, Sp. 373. Dagegen: F. E. Stoeffler, The Rise of Evangelical Pietism, Leiden 1965: „The father of Lutherian Pietism is not Spener but Arndt." (S. 202). Vgl. den instruktiven und wertenden Literaturbericht: H.-W. Müsing, Speners Pia Desideria und ihre Bezüge zur deutschen Aufklärung, in: Pietismus und Neuzeit. Jahrbuch 1976 zur Geschichte des neueren Protestantismus, hrsg. von A. Lindt, K. Deppermann, Bielefeld 1977, S. 32-70. Nach Max Goebel ist nicht Spener, sondern Labadie Begründer des Pietismus. Vgl. M. Goebel, Geschichte des christlichen Lebens in der rheinisch-westphälischen Kirche, Bd. 2: Das siebenzehnte Jahrhundert oder die herrschende Kirche und die Sekten, Abth. 1: Die reformierte Kirche, Coblenz 1859, S. 184. Diese Auffassung findet sich bis zur Gegenwart.

53 N. Merker, Die Aufklärung in Deutschland, München 1982, S. 16, vgl. S. 11–30.

54 Vgl. H. Stephan, Der Pietismus als Träger des Fortschritts in Kirche, Theologie und allgemeiner Geistesbildung, Tübingen 1908, S. 47; ähnlich: H. Laag, Der Pietismus als ein Bahnbrecher der deutschen Aufklärung, in: Theologische Blätter, Marburg 3/(1924) Nr. 12, Sp. 269.

55 Aus der Frühzeit der deutschen Aufklärung, hrsg. von F. Brüggemann, a. a. O., S. 5.

56 R. Vierhaus, Deutschland im Zeitalter des Absolutismus, a. a. O., S. 106.

57 M. Wundt, Die deutsche Schulphilosophie im Zeitalter der Aufklärung, a. a. O., S. 7.

58 B. Bauer, Geschichte der Politik, Cultur und Aufklärung des achtzehnten Jahrhunderts, Bd. 1, a. a. O., S. 163.

59 H. Hoffmann, Die Frömmigkeit der deutschen Aufklärung, in: Zeitschrift für Theologie und Kirche, Tübingen 16 (1906) S. 234.

60 Vgl. zum ff.: P. Pütz, Die deutsche Aufklärung, a. a. O., S. 68–69. Pütz beruft sich u. a. auf: H. R. G. Günther, Psychologie des Pietismus, in: Deutsche Vierteljahrsschrift für Literaturwissenschaft und Geistesgeschichte, Halle/S. 4 (1926) S. 144–176; F. Stemme, Die Säkularisierung des Pietismus zur Erfahrungsseelenkunde, in: Zeitschrift für deutsche Philologie, Stuttgart 72 (1953) S. 144–158; H. Bößenecker, Pietismus und Aufklärung. Ihre Begegnung im deutschen Geistesleben des 17. und 18. Jahrhunderts, Phil. Diss. Würzburg 1958; L. Neisser, Christian Thomasius und seine Beziehungen zum Pietismus, München 1928; M. Schmidt, Pietismus, a. a. O., S. 161; T. Namowicz, Pietismus in der deutschen Kultur des 18. Jahrhunderts, in: Weimarer Beiträge, Berlin – Weimar 13 (1967) H. 3, S. 469–480.

61 M. Godfroid, Le pietisme allemand a – t – il existé? Histoire d'un concept fait pour la polemique, in: Etudes Germaniques, Lyon 26 (1971) S. 36–37; (deutsch in: Zur neueren Pietismusforschung, hrsg. von M. Greschat, Darmstadt 1977, S. 91–110); vgl. M. Schmidt, Pietismus, a. a. O.

62 Vgl. K. Deppermann, Der hallesche Pietismus und der preußische Staat unter

Friedrich III (I.), Phil. Diss. Freiburg/Br. 1958, S. 35ff.; F. Groth, Die „Wiederbringung aller Dinge" im Württembergischen Pietismus. Theologiegeschichtliche Studien zum eschatologischen Heilsuniversalismus württembergischer Pietisten im 18. Jahrhundert, Göttingen 1984, S. 39ff.; Groth basiert in dieser Arbeit vornehmlich auf entsprechenden Arbeiten von M. Greschat und J. Wallmann.

63 E. Cassirer, Die Philosophie der Aufklärung, Tübingen 1932, S. 180; vgl.: F. Mauthner, Der Atheismus und seine Geschichte im Abendlande, Bd. 3, Stuttgart – Berlin 1922, S. 161: „Die deutsche Aufklärung ist – und das ist ebenso merkwürdig wie fast unbekannt – aus einer tiefen religiösen Bewegung mit hervorgegangen, aus dem Pietismus; man darf diesen ehrwürdigen Ausdruck nur nicht mit Frömmelei übersetzen wollen". Andererseits ist der Pietismus nach Mauthner „lediglich eine Vorfrucht der Aufklärung" (ebenda, S. 199).

64 Nach Hans Schneider, Der radikale Pietismus in der neueren Forschung, in: Pietismus und Neuzeit, Göttingen 8 (1982) S. 15–42 besteht (und er berücksichtigt dabei auch frühere Forschungsberichte) hinsichtlich des radikalen Pietismus ein Forschungsdefizit. Selbst die begriffliche Fassung ist nicht einheitlich.

65 Wenn Panajotis Kondylis (Die Aufklärung im Rahmen des neuzeitlichen Rationalismus, Stuttgart 1981) die Hauptströmung der Aufklärung als Antiintellektualismus faßt (S. 171, S. 334f., S. 435) und sich gegen die These von der „rationalistischen Aufklärung" (S. 639) sowie gegen die Wertung der Aufklärungszeit als „Zeitalter des Rationalismus" wendet (S. 20f, S. 36), so erscheint mir das ebenso einseitig wie G. Mühlpfordts Rezension dazu (Aufklärungsphilosophie in neuer Sicht. Antiintellektualismus als Hauptströmung? in: Deutsche Zeitschrift für Philosophie, Berlin 32 (1984) S. 1118–1124). Ist für Kondylis Locke der „Vater" der Aufklärung, so für Mühlpfordt Descartes. Beide Standpunkte erscheinen mir einseitig. Vgl. als Versuch einer Klärung: H. Seidel, Philosophiehistorische Bemerkungen zum Begriff „Aufklärung", in: Deutsche Zeitschrift für Philosophie, Berlin 28 (1980) S. 1371–1377.

66 Vgl. E. Winter, Frühaufklärung, a. a. O., S. 23–24.

67 Vgl. R. O. Gropp, Geschichte und Philosopie. Beiträge zur Geschichtsmethodologie, zur Philosophiegeschichte und zum dialektischen Materialismus, hrsg. von W. Förster, Berlin 1977, S. 227–233; Beiträge zur Geschichte des vormarxistischen Materialismus, hrsg. von G. Stiehler, Berlin 1961, S. 63–212; Materialisten der Leibniz-Zeit (Friedrich Wilhelm Stosch, Theodor Ludwig Lau, Gabriel Wagner, Urban Gottfried Bucher) Ausgewählte Texte. Zusammengestellt und eingel. von G. Stiehler, Berlin 1966.

68 Vgl. L. Bäck, Spinozas erste Einwirkungen auf Deutschland, Berlin 1895; M. Grunwald, Spinoza in Deutschland, Berlin 1897. Vgl. zum ff. S. Wollgast, Ehrenfried Walther von Tschirnhaus – der erste deutsche Spinozist. Einige Aspekte, in: Marxismus und Spinozismus. Materialien einer wissenschaftlichen Konferenz, Leipzig, Karl-Marx-Universität 1981, S. 138–175.

69 H. Horch, Investigationes theologicas I–VIII circa origines rerum ex Deo contra Benedictum de Spinoza, Herborn 1692. Ein kurzer Abriß der Ge-

schichte des Antispinozismus bei: M. Bollacher, Der junge Goethe und Spinoza. Studien zur Geschichte des Spinozismus in der Epoche des Sturms und Drangs, Tübingen 1969, S. 22ff.; P. Poiret, Fundamenta atheismi eversa, sive specimen absurditatis atheismi Spinoziani, in: P. Poiret, Cogitationum rationalium de Deo, anima, et malo libri quattuor. In Quibus quid de hisce Cartesius, ejusque sequaces, bon aut secus senserint, omnisque Philosophiae certiora fundamenta, alque imprimis tota metaphysica verior, continentur; nec non Benedicti de Spinoza atheismus et exitiales errores funditus extirpantur. Editio altera, priore plus duplo auctior, Amsterdam 1685, S. 719–808.

70 J. A. Trinius, Freydencker = Lexikon, oder Einleitung in die Geschichte der neuern Freygeister ihrer Schriften, und deren Widerlegungen . . . Leipzig und Bernburg 1759, S. 424–444, S. 531.

71 E. Winter, Der Bahnbrecher der deutschen Frühaufklärung E. W. v. Tschirnhaus und die Frühaufklärung in Mittel- und Osteuropa, in: E. W. von Tschirnhaus und die Frühaufklärung . . ., hrsg. . . . von E. Winter, Berlin 1960, S. 1.

72 Vgl. H. J. Vleeschawer, De Briefwisseling van Ehrenfried Walther von Tschirnhaus met Benedictus de Spinoza, in: Tijdschrift voor Philosophie, Leuven 4 (1942) Nr. 2, S. 345–396, sowie den Briefwechsel zwischen Spinoza und Tschirnhaus: Spinoza, Opera, Bd. IV, hrsg. von C. Gebhardt, Heidelberg 1925, S. 262–264, 268–271, 279–280, 331–335. Zu Spinozas Freundeskreis und der Stellung von Tschirnhaus' darin vgl. u. a.: K. O. Meinsma, Spinoza und sein Kreis. Historisch-kritische Studien über holländische Freigeister, Berlin 1909, S. 450–463; J. Freudenthal, Spinoza. Leben und Lehre, T. 1: Das Leben Spinozas, 2. Aufl., hrsg. von C. Gebhardt, Heidelberg 1927, S. 260–281.

73 Vgl. Die Lebensgeschichte Spinoza's in Quellenschriften, Urkunden und nichtamtlichen Nachrichten, hrsg. von J. Freudenthal, Leipzig 1899, S. 139–141; vgl. Spinoza, Lebensbeschreibungen und Gespräche, übertr. u. hrsg. von C. Gebhardt, Leipzig 1914, S. 128–129.

74 Spinoza, Lebensbeschreibungen und Gespräche, a. a. O., S. 129; vgl. Die Lebensgeschichte Spinoza's in Quellenschriften . . ., a. a. O., S. 147–148.

75 E. Winter, Der Bahnbrecher der deutschen Frühaufklärung . . ., a. a. O., S. 8. Vgl.: Spinoza, Opera. Bd. IV, a. a. O., S. 262–264.

76 Chr. Huygens, Œuvres complêtes, Publiées par la Societé Hollandaise des Sciences, T. 7; Correspondance 1670-1675, La Haye 1897, S. 486 = Brief 2046 vom 30. 7./9. 8. 1674; S. 490 = Brief 2049 vom 10. 8. 1675. Nachdem der Briefwechsel zwischen Oldenburg und Spinoza zehn Jahre unterbrochen gewesen war, hat wahrscheinlich Tschirnhaus den Anstoß zu seiner Wiederaufnahme gegeben. Am 25. 7. 1675 schreibt G. H. Schuller an Spinoza: „Übrigens berichtet er (i. e. Tschirnhaus – S. W.), Herr Boyle und Oldenburgh hätten eine sehr wunderliche Meinung von Ihrer Person gehabt; er hat ihnen diese Vorstellung nicht bloß genommen, sondern ihnen auch Gründe an die Hand gegeben, unter deren Einfluß sie nicht nur wieder höchst würdig und günstig von Ihnen denken sondern auch den Theol.-politischen Trakt. sehr hoch schätzen.“ Spinoza, Briefwechsel übertr. u. mit

Einl., Anm. und Registern versehen von C. Gebhardt, Leipzig 1914, S. 248; vgl.: E. Altkirch, Maledictus et Benedictus. Spinoza im Urteil des Volkes und der Geistigen bis auf Constantin Brunner, Leipzig 1924, S. 43; K. O. Meinsma, Spinoza und sein Kreis, a. a. O., S. 458ff., S. 484ff. u. a.; Vgl. H. J. de Vleeschauwer, De Briefwisseling van Ehrenfried Walther von Tschirnhaus met Christiaan Huyghens, in: Mededelingen van de Koninklijke Vlamsche Academie voor Wetenschappen, Letteren en Schoone Kunsten von Belgie, Klasse der Letteren, Brussel 3 (1941) 6, S. 3–69.

77 Vgl. G. H. Schuller an Spinoza am 14. 11. 1675, in: Spinoza, Briefwechsel. ed. C. Gebhardt, a. a. O., S. 270; Spinoza, Opera, Bd. IV, hrsg. von C. Gebhardt, a. a. O., S. 302.

78 Th. de Vries, Baruch de Spinoza in Selbstzeugnissen und Bilddokumenten, Reinbek bei Hamburg 1970, S. 142, vgl. Spinoza, Briefwechsel, ed. C. Gebhardt, a. a. O., S. 300.

79 Spinoza, Briefwechsel, ed. C. Gebhardt, a. a. O., S. 270, S. 274 f.

80 R. Zaunick, Ehrenfried Walther von Tschirnhaus in seinem Werden und Wirken, in: E. W. von Tschirnhaus, Medicina Mentis 1695 (1963), a. a. O., S. 11.

81 Zit. nach Th. de Vries, Baruch de Spinoza in Selbstzeugnissen und Bilddokumenten, a. a. O., S. 143.

82 Vgl. G. W. Leibniz an J. Thomasius am 23. Sept. (3. Okt.) 1670, in: G. W. Leibniz, Sämtliche Schriften und Briefe, hrsg. von der Dtsch. Akad. d. Wissenschaften zu Berlin, Rhe. 2: Philosophischer Briefwechsel, Bd. 1: 1663–1685, Berlin 1972, S. 66; G. W. Leibniz an A. Arnauld Anfang November 1671, in: ebenda, S. 171, G. W. Leibniz an J. Thomasius 21./31. Januar 1672, in: ebenda, S. 205. Die zitierten Worte sind eine Kumulation dieser Äußerungen.

83 Th. de Vries, Baruch de Spinoza in Selbstzeugnissen und Bilddokumenten, a. a. O., S. 144, vgl. J. Freudenthal, Spinoza. Leben und Lehre, T. 1, a. a. O., S. 267–276.

84 Vgl. Die Lebensgeschichte Spinoza's . . ., hrsg. von J. Freudenthal, a. a. O., S. 201, vgl. L. Stein, Leibniz und Spinoza. Ein Beitrag zur Entwicklungsgeschichte der Leibnizschen Philosophie, Berlin 1890; G. Friedmann, Leibniz et Spinoza. Paris 1946, 3. Aufl. 1975; D. von Uslar, Leibniz Kritik an Spinoza, in: Akten des internationalen Leibniz-Kongresses, Hannover 14.–19. 11. 1966, Bd. 5, Wiesbaden 1971, S. 72–80; W. Bartuschat, Spinoza in der Philosophie von Leibniz, in: Spinozas Ethik und ihre frühe Wirkung, hrsg. von K. Kramer, W. G. Jakobs und W. Schmidt-Biggemann, Wolfenbüttel 1981, S. 51–66 (Wolfenbütteler Forschungen, Bd. 1).

85 Zit. nach: Th. de Vries, Baruch de Spinoza in Selbstzeugnissen und Bilddokumenten, a. a. O., S. 144, vgl. die Äußerung des späten Leibniz: „Sie wissen, daß ich früher ein wenig zu weit gegangen bin und begonnen hatte, mich der Seite der Spinozisten zuzuneigen . . .“ G. W. Leibniz, Neue Abhandlungen über den menschlichen Verstand, hrsg. und übers. von W. von Engelhardt und H. H. Holz, Bd. 1, Frankfurt/M. 1961, S. 11.

86 Vgl. G. W. Leibniz, Sämtliche Schriften und Briefe, Hrsg. v. d. Preuß. Akad. d. Wiss. 2. Rhe: Philosophischer Briefwechsel, Bd. 1: 1663–1685, Darmstadt 1926, S. 480 (N. Malebranche an Leibniz, 31.7.1679). Zu Tschirnhaus mathematischen Arbeiten, aber auch zu seinen anderen wissenschaftlichen Vorhaben ist nach wie vor unentbehrlich: Der Briefwechsel von Gottfried Wilhelm Leibniz mit Mathematikern, hrsg. von C. J. Gerhardt, Berlin 1899, S. 304–524. Teile der dort zitierten Materialien sind in der Leibniz-Gesamtausgabe inzwischen veröffentlicht und werden von uns zitiert.

87 R. Zaunick, Ehrenfried Walther von Tschirnhaus in seinem Werden und Wirken, a. a. O., S. 10–11; vgl. J. H. Horn, Tschirnhaus. Ein Beitrag zur Geschichte der deutschen Philosophie, in: Festschrift. Ernst Bloch zum 70. Geburtstag, hrsg. von R. O. Gropp, Berlin 1955, S. 121–140, bes. S. 125–127.

88 Vgl. G. W. Leibniz, Sämtliche Schriften und Briefe, hrsg. v. d. Preuß. Akad. d. Wiss. 2. Rhe: Philosophischer Briefwechsel, Bd. 1: 1663–1685; a. a. O., S. 405 (G. H. Schuller an Leibniz 19./20.3.1678); Chr. Huygens, Œuvres complètes. Publiées par la Societé Hollandaise des Sciences, T. 8: Correspondance 1676–1684, La Haye 1899, S. 236f. (Nr. 2199: G. W. Leibniz an Chr. Huygens 20. 10. 1679). E. Winter nimmt den Brief Schullers als Beleg, daß Schuller und Tschirnhaus „Nachlaßverwalter" wurden, „die sich um die Ausgabe der nachgelassenen Schriften und Briefe" Spinozas bemühten. (E. Winter, Der Bahnbrecher der deutschen Frühaufklärung . . ., a. a. O., S. 13). Dieser Behauptung wäre nachzugehen; C. Gebhardt sieht das Problem völlig anders. Vgl. Spinoza, Opera, Bd. II, a. a. O. Nachwort, S. 311–314.

89 Spinoza, Briefwechsel, a. a. O., S. 267.

90 Die Lebensgeschichte Spinoza's . . ., hrsg. von J. Freudenthal, a. a. O., S. 179–181; vgl.: Spinoza, Lebensbeschreibungen und Gespräche, a. a. O., S. 131.

91 Vgl. E. Winter, Der Bahnbrecher der deutschen Frühaufklärung, a. a. O., S. 44; E. Winter, Das Tschirnhausische Oberlausitzer Museum, in: Die Oberlausitz in der Epoche der bürgerlichen Emanzipation. Protokollband: Kolloquium der Winckelmann-Gesellschaft Görlitz 1.–3. September 1977, hrsg. von J. Irmscher, E.-H. Lemper, G. Mühlpfordt, Görlitz 1981, S. 67–70 (Schriftenreihe d. Ratsarchivs d. Stadt Görlitz, Bd. 10).

92 Vgl. zum ff. J. Böhme, Heinrich Julius Elers, ein Freund und Mitarbeiter August Hermann Franckes, Phil. Diss. Freie Universität Berlin-West 1956, S. 60–79, S. 194–196; J. Böhme, Heinrich Julius Elers und die wirtschaftlichen Projekte des Hallischen Pietismus, in: Jahrbuch für die Geschichte Mittel- und Ostdeutschlands, Tübingen 8 (1959) S. 123–142. C. Reinhardt, Tschirnhausens Forschungslaboratorium für Porzellan in Dresden, in: Neues Lausitzisches Magazin, Görlitz 105 (1929) S. 134–136; C. Hinrichs, Preußentum und Pietismus. Der Pietismus in Brandenburg–Preußen als religiös-soziale Reformbewegung, Göttingen 1971, S. 70–71.

93 E. Winter, Zu den weltanschaulichen Positionen von E. W. von Tschirnhaus, in: Wissenschaftliche Zeitschr. d. Pädagogischen Hochschule „Karl Liebknecht" Potsdam, Potsdam 19 (1975) 2, S. 232; vgl. E. Winter, Der Bahnbrecher der deutschen Frühaufklärung . . . a. a. O., S. 64–66; zum ff.: Staats-

archiv Dresden Loc. 9511: Den Pfarrer Johann Wilhelm Kelnern auf des von Tschirnhauß Guthe Kießlingswalde in Oberlausitz belangende ..." Der Roman von E. Hoffmann-Aleith, Teufelszwirn, Berlin 1970 verzerrt das Bild von Tschirnhaus wie das Wesen des Pietismus.

94 E. Winter, Der Bahnbrecher der deutschen Frühaufklärung ..., a. a. O., S. 99; R. Zaunick, E. W. von Tschirnhaus und B. de Fontenelles „Entretiens sur la pluralitè des mondes" (1686), in: E. W. von Tschirnhaus, Medicina mentis, 1695 (1963), a. a. O., S. 314–316.

95 „*Ne autem eo, quod exteris praestamus, officio, nostris deesse videamur, ipsi alio quodam instituto efficere decreuimus. Non facile excellentius, in Logica doctrina omnique cognitione solida promouenda, Germania nostra opus produxit, Medicina Mentis et Corporis, illustrissimi* TSCHIRNHAVSENII: *quod licet aliquoties recusum sit, tamen adeo paucorum teritur manibus, vt ingrati esse videamur erga heroes nostros, diutius id ferendo. Quo vero magis id Germaniae nostrae proprium reddatur, de conuertendo eodem in sermonem patrium consilia cepimus, effecturi ita, vt a pluribus nostratium, immo iis quoque legatur, vel Nobilibus, vel alius conditionis hominibus scientiarum cupidis, quibus latina non satis sunt ad palatum; vt cum voluptate quadam libros ita conscriptos legere queant. Jubet enim sperare, & insignis nostratium, qui reuiuiscere incipit scientiae ardor, & reliqua temporum, quibus fruimur felicitas, fore, vt librum, vtrique vlterius promouendo destinatum, cum gaudio recipiant, si eam, quam multis consecuti videmur in vernacula nostra facultatem, eidem conuertendo mutuemur. Non melius ceterum de genere humano, patriaque nostra, immo cognitione solida promouenda mereri nos posse persuasum habemus; postquam huius praecipue curam nobis aliqua ratione demandatam esse ab Academiae nostrae Nutritoribus sapientissimis sensimus." H. Chr. Gottsched, Iniquitatum exterorum in ferendo de eruditis nostratibus iudicio illustrium virorum Jo. Lockii et Wilh. Molynaei exemplis confirmatam sistit, Leipzig 1734, S. /C 3/.*

96 Vgl. K. Hoffmann, Johann Friedrich Böttger, Vom Alchemistengold zum weißen Porzellan, Berlin 1985; Hoffmann gesteht den Tschirnhaus und Böttger zugeordneten Bergleuten einen wichtigen Anteil an der Porzellanerfindung zu. Vgl. K. Hoffmann, Moderne Tendenzen in der biographischen Böttger-Forschung, in: Internationales Symposium am 5. und 6. Februar 1982 in Dresden und Meißen anläßlich des 300. Geburtstages Johann Friedrich Böttgers, Protokollband. Dresden – Freiberg 1983, S. 170–179, bes. S. 174–175.

97 S. R. Mikulinskij, M. G. Jaroševskij, Die Aufnahme einer Entdeckung als Problem der Wissenschaftskunde, in: Wissenschaftliche Entdeckungen. Probleme ihrer Aufnahme und Wertung. Hrsg. in deutscher Sprache von L. Kannengießer und G. Kröber, Berlin 1974, S. 12.

98 Vgl. dazu die reichhaltige Literatur in: E. W. von Tschirnhaus, Medicina mentis 1695 (1963), a. a. O., S. 318–365. Viele Akten zu dieser Frage sind noch wenig bekannt, so z. B. Tschirnhaus' Reisebericht (in die Niederlande und nach Frankreich) vom 16. 3. 1702 (Staatsarchiv Dresden Loc. 489, Acta allerhand Projecte und Vorschlägebetr. ao 1702 sequ., Vol. I; abgedruckt bei: C. Reinhardt, Tschirnhaus oder Böttger? Eine urkundliche Geschichte der Er-

findung des Meissner Porzellans, in: Neues Lausitzisches Magazin, Görlitz 88 (1912) S. 36–45, Ebenso Tschirnhaus' Arbeitsbericht über laufende Pläne und Projekte (Brief an A. E. Fürst zu Fürstenberg vom 29. 10. 1703 = Staatsarchiv Dresden, Acta Allerhand Projecte und Vorschläge betr. ao 1702 sequ. Loc. 489), und sein Reise- und Arbeitsbericht an A. E. Fürst von Fürstenberg vom 22. März 1702 (Staatsarchiv Dresden, Loc. 489). Beide Briefe abgedruckt bei: E. Winter, Der Freund B. Spinozas E. W. von Tschirnhaus. Die Einheit von Theorie und Praxis, Berlin 1977 (Sitzungsber. d. Ak. d. Wiss. der DDR, Gesellschaftswiss. 7 G), S. 31–36.

99 Vgl. G. W. Leibniz, Sämtliche Schriften und Briefe. Hrsg.: Deutsche Akademie der Wissenschaften zu Berlin, Rhe 4: Politische Schriften, Bd. 1: 1667–1676. Berlin 1971, S. 530–543; 543–552.

100 Vgl. E. Bodemann, Leibnizens Plan einer Societät der Wissenschaften in Sachsen. Mit bisher ungedruckten Handschriften aus den Leibniz-Papieren der Kgl. öffentlichen Bibliothek in Hannover, in: Neues Archiv für Sächsische Geschichte und Alterthumskunde, Dresden 4 (1883) S. 208-209. Schreiben von Professor Gerhardt in Eisleben über Tschirnhaus's Betheiligung an dem Plane, eine Akademie der Wissenschaften in Sachsen zu begründen, mitgetheilt von Herrn Drobisch in der Öffentlichen Sitzung der Kgl. Sächsischen Gesellschaft der Wissenschaften am 12. Dezember 1858, in: Berichte über die Verhandlungen der Kgl. sächs. Gesellschaft der Wissenschaften zu Leipzig, Phil.-hist. Klasse, Leipzig 10 (1858) S. 92–93.

101 Ebenda, S. 180–190.

102 G. Wiemers/E. Lea, Planung und Entstehung der Sächsischen Akademie der Wissenschaften zu Leipzig. Zur Genesis einer gelehrten Gesellschaft, Phil. Diss. der TU Dresden, Dresden 1984, S. 40, vgl. insgesamt ebenda, S. 9–99; Dokumente (S. 397–420) nach: Œuvres de Leibniz, publiées pour la première fois d' après les manuscrits originaux, avec notes et introductions par A. Foucher de Careil, t. 7: Leibniz et les académies: Plan d' une académie en Saxe, Paris 1875, pp. 218–277; vgl. M. Teich, Tschirnhaus und der Akademiegedanke, in: E. W. von Tschirnhaus und die Frühaufklärung in Mittel- und Osteuropa, a. a. O., S. 99-107.

103 E. Bodemann, Leibnizens Plan einer Societät der Wissenschaften in Sachsen, a. a. O., S. 200–201.

104 E. Winter, Der Bahnbrecher der deutschen Frühaufklärung . . ., a. a. O., S. 79; vgl. L. Richter, E. W. von Tschirnhaus als Pädagoge und seine Beziehungen zu Christian Weise, in: E. W. von Tschirnhaus und die Frühaufklärung in Mittel- und Osteuropa, S. 121–130; R. Klüger, Die pädagogischen Ansichten des Philosophen Tschirnhaus, Phil. Diss. Leipzig, Borna – Leipzig 1913. Grundlage dieser Arbeiten ist vornehmlich Tschirnhaus' Schrift „Gründliche Anleitung zu nützlichen Wissenschafften, absonderlich Zu der Mathesi und Physica, wie sie anitzo von den Gelehrtesten abgehandelt werden." Die Bedeutung Tschirnhaus' als Mathematiker und Physiker würdigen: O. Volk, E. W. von Tschirnhaus als Mathematiker und Physiker, in: E. W. von Tschirnhaus und die Frühaufklärung in Mittel- und Osteuropa,

a. a. O., S. 247–265. V. P. Zubov, Die cartesianische Physik und Tschirnhaus, in: E. W. von Tschirnhaus und die Frühaufklärung in Mittel- und Osteuropa, a. a. O., S. 266-284. Die mehrfach zitierte, von E. Winter herausgegebene Arbeit „E. W. von Tschirnhaus und die Frühaufklärung in Mittel- und Osteuropa“ würdigt Tschirnhaus' Leistungen auf fast all seinen Wirkungsgebieten.

105 Vgl. H. Holzhey, Philosophische Epigonalität. Ein abbrechendes Plädoyer in einer neu zu beurteilenden Sache, in: Studia Philosophica, Basel 36 (1976), S. 24–36; Unser Epigonenschicksal, hrsg. von G.-K. Kaltenbrunner, Freiburg 1980.

105a Der Briefwechsel von Gottfried Wilhelm Leibniz mit Mathematikern, a. a. O., S. 336.

106 G. Stiehler, Tschirnhaus als Philosoph, in: E. W. von Tschirnhaus und die Frühaufklärung in Mittel- und Osteuropa, a. a. O., S. 91.

107 Chr. Huygens, Œuvres complètes, Publiées par la Societé Hollandaise des Sciences, T. 9: Correspondance 1685–1690, La Haye 1901, S. 151, Nr. 2457 vom 12. 6. 1687. In einem früheren Brief an Huygens (Chr. Huygens, Œuvres complètes, T. 8, a. a. O., S. 463 ff., Nr. 2324 vom 30. 8. 1683) spricht Tschirnhaus ausführlich von der Entstehung seiner „Medicina mentis“. Danach wurde sie 1675/1676 und im Sommer 1679 in Paris konzipiert. Sie reifte im Gespräch mit seinen holländischen Freunden, wurde während seines Aufenthaltes in der Heimat 1679–1681 bereichert und inhaltlich fixiert. „Aber noch 1681/82 rang er in Paris um ihre Gestalt, wie er zeit seines Lebens nicht müde wurde, unablässig daran zu arbeiten.“ (E. Winter, Der Bahnbrecher der deutschen Frühaufklärung . . ., a. a. O., S. 25).

108 E. W. von Tschirnhaus, Medicina mentis 1695 (1963) a. a. O., S. 39. Die 2. Auflage der Medicina mentis von 1695 erschien mit einer Einleitung von W. Risse 1964 als Reprint in Hildesheim. Diese Ausgabe von 1964 lag mir nicht vor. Die zahlreichen abweichenden Lesearten der 2. Ausgabe gegenüber der 1. Auflage – die Thomasius in seiner Auseinandersetzung mit Tschirnhaus zugrundelegt – werden in der Medicina mentis 1695 (1963), S. 295f. nur kurz charakterisiert. Sie werden ausführlich als Fußnoten wiedergegeben in: E. W. von Tschirnhaus, Médicine de l' esprit ou prèceptes géneraux de l' art de découvrir (Medicina mentis), Introd. trad., notes et appendices par J.-P. Wurtz, Paris – Strasbourg 1980, S. 255–295

109 G. Stiehler, Tschirnhaus als Philosoph, a. a. O., S. 91.

110 E. W. von Tschirnhaus, Medicina mentis 1695 (1963), a. a. O., S. 282.

111 P. van Gent an E. W. von Tschirnhaus 3.–13. 11. 1682, in: Briefe an Ehrenfried Walter von Tschirnhaus von Pieter van Gent, hrsg. von C. Reinhardt, Programm des Realgymnasiums zu Freiberg, Freiberg 1911, S. 12.

112 E. Winter, Ein Ketzerspiegel: Ehrenfried Walter von Tschirnhaus (1651–1708), in: E. Winter unter Mitarb. von G. Mühlpfordt, Ketzerschicksale. Christliche Denker aus neun Jahrhunderten, Berlin 1979, (2. Aufl. 1983), S. 173. In Tschirnhaus' Bibliothek befanden sich alle Werke Böhmes, vgl.: Catalogus und Specification unterschiedener gebundener und ungebundener Bücher auch mathematischer und anderer Instrumente aus Verlassenschaft

des Hn. Raths von Tschirnhaus auf Kieslingswalde . . . 1723 (Stadtmuseum Zittau, Pg. fol. 316.)

113 Vgl. H. M. Wolff, Spinozas Ethik. Eine kritische Einführung. Bonn 1958. Zum wahrscheinlichen Beginn der „Ethik“ vgl. die Briefe Spinozas an H. Oldenburg vom 27. 9. 1661; 11./21. 10. 1661; 6. Brief an H. Oldenburg (1661/1662) in: Spinozas Briefwechsel, a. a. O., S. 8–30.

114 Vgl. Die Lebensgeschichte Spinoza's . . ., hrsg. von J. Freudenthal, a. a. O., S. 207; Vgl. die herangezogenen Übereinstimmungen zwischen Spinozas „De emendatione“ und Tschirnhaus' „Medicina mentis“.

115 H. M. Wolff, Spinozas Ethik, a. a. O., S. 101f. Tschirnhaus weiß z. B., daß Hobbes Einwände gegen Descartes' „Meditationes de prima philosophia“ erhoben hatte, und er rühmte Hobbes' „vortreffliche Gedanken“ in seinen Schriften. Vgl. E. W. von Tschirnhaus, Medicina mentis 1695 (1963), a. a. O., S. 190, S. 259.

116 P. Bollhagen, Teoriapaznawczy dorobek Ehrenfrieda W. von Tschirnhausa i jego związki z filozofia Spinozy i Leibniza, in: Kwartalnik historii nauki i techniki, Warszawa 11 (1966) Nr. 1–2, S. 42.

117 Ebenda, S. 52, vgl. ebenda, S. 42.

118 Spinoza an Tschirnhaus am 8. 10. 1674, in: Spinozas Briefwechsel, a. a. O., S. 232f. (57. Brief).; Spinoza an Tschirnhaus am 5. 1. 1675, in: ebenda, S. 239–241 (54. Brief); Spinoza an G. H. Schuller 25. 7. 1675, in: ebenda, S. 246–48; Spinoza an Tschirnhaus 12. 8. 1675, in: ebenda, S. 251 f.; Spinoza an Tschirnhaus am 2. 5. 1676, in: ebenda, S. 296; Tschirnhaus an Spinoza am 23. 6. 1676, in: ebenda, S. 298–99.

119 Vgl. H. M. Wolff, Spinozas Ethik, a. a. O., S. 111 f.

120 Vgl. E. W. von Tschirnhaus, Medicina mentis 1695 (1963), a. a. O., S. 43–46.

121 J. Verweyen, Ehrenfried Walther von Tschirnhaus als Philosoph, a. a. O., S. 24.

122 Ovid, Metamorphosen, VII, 20–21. Spinoza, Ethik, Leipzig 1982, II, 2, Schol.; Vorr. zu IV; IV. 17, Schol.; E. W. von Tschirnhaus, Medicina mentis 1695 (1963), a. a. O., S. 52.

123 E. W. von Tschirnhaus, Medicina mentis 1695 (1963), a. a. O., S. 96; Spinoza, Ethik, a. a. O., II, 43, Schol. Den Beweis führt J. Verweyen, Ehrenfried Walther von Tschirnhaus als Philosoph, a. a. O., S. 62, im Anschluß an W. G. Tennemann, Geschichte der Philosophie Bd. 11, Leipzig 1819, S. 209. („Die m e d i c i n a m e n t i s und die Abhandlung des Spinoza von Verbesserung des Verstandes, haben in der Idee und in der Methode eine so große Aehnlichkeit, daß man, ohne viel zu wagen, behaupten kann, Spinoza habe den Tschirnhausen das Thema aufgegeben . . .“). Vgl. E. Winter, Der Bahnbrecher der deutschen Frühaufklärung E. W. von Tschirnhaus, a. a. O., S. 24.

124 Ebenda, S. 199.

125 Ebenda.

126 Ebenda, S. 232; Spinoza, Ethik, a. a. O., S. 295 f. (V., Vorr.).

127 J. Verweyen, Ehrenfried Walther von Tschirnhaus als Philosoph, a. a. O., S. 31.

128 E. W. von Tschirnhaus, Medicina mentis 1695 (1963), a. a. O., S. 101.
129 J. Verweyen, Ehrenfried Walther von Tschirnhaus als Philosoph, a. a. o., S. 32.
130 E. W. von Tschirnhaus, Medicina mentis 1695 (1963), a. a. O., S. 177. Angesichts der folgenden Gedankengänge Tschirnhaus' erscheint nicht verwunderlich, daß er neben Gassendi, Galilei, Kircher und Descartes auch F. Bacon zu den Neuerern rechnet, „deren glänzende Erfolge in diesem unserem Jahrhundert diese Wissenschaft (die Physik – S. W.) in besonders hervorragender Weise förderten" (ebenda, S. 248). Es geht ja Bacon wie Tschirnhaus nicht primär um die Physik, sondern um die Methode.
131 Ebenda, S. 180.
132 Ebenda, S. 180–181.
133 Ebenda, S. 182–183.
134 Ebenda, S. 193.
135 Ebenda, S. 198, vgl. S. 205.
136 Ebenda, S. 201.
137 Ebenda.
138 Ebenda, S. 206–207.
139 Ebenda, S. 284; S. 40, S. 89, Vgl. Spinozas Affektenlehre im Buch III der „Ethik".
140 Ebenda, S. 282–283; vgl. S. 55 ff.
141 Ebenda, S. 284.
142 Spinoza, Ethik, a. a. O., S. 117; (II, 43) E. W. von Tschirnhaus, Medicina Mentis 1695 (1963), a. a. O., S. 94.
143 J. Verweyen, Ehrenfried Walther von Tschirnhaus als Philosoph, a. a. O., S. 62, S. 91.
144 E. W. von Tschirnhaus, Medicina Mentis 1695 (1963), a. a. O., S. 284.
145 J. Verweyen, Ehrenfried Walther von Tschirnhaus als Philosoph, a. a. O., S. 77f.
146 E. W. von Tschirnhaus, Medicin mentis 1695 (1963), a. a. O., S. 282,S. 40f.
147 J. Verweyen, Ehrenfried Walther von Tschirnhaus als Philosoph, a. a. O., S. 84f.; vgl. Spinoza, Briefwechsel, a. a. O., S. 239–241; Spinoza: „Damit dies richtig geschehe, muß die Methode folgendes leisten: 1. muß sie die wahre Idee von allen übrigen Wahrnehmungen unterscheiden und den Geist von den übrigen Wahrnehmungen abhalten; 2. muß sie Regeln geben, durch welche die unbekannten Dinge nach der Norm begriffen werden; 3. muß sie die Ordnung bestimmen, damit wir nicht durch nutzlose Dinge ermüdet werden. Nachdem wir dieses Verfahren ermittelt, haben wir Viertens gesehen, daß diese Methode die vollkommenste sein wird, sobald wir die Idee des vollkommensten Wesens haben werden." (Spinoza, Abhandlung über die Läuterung des Verstandes und über den Weg, auf welchem er am besten zur wahren Erkenntnis der Dinge geführt wird, Leipzig 1947, S. 25): vgl. E. W. von Tschirnhaus, Medicina mentis 1695 (1963), a. a. O., S. 43–44.
148 E. W. von Tschirnhaus, Medicina mentis 1695 (1963), a. a. O., S. 40.
149 Vgl. ebenda, S. 66. Die ganze Wissenschaft der Wortphilosophen „umfaßt nichts anderes, als was jedem zugänglich ist, gleich wie ein großes Gemengsel

von dunklen Termini, die den Unkundigen ein wer weiß wie hohes Wissen zu versprechen erscheinen." (Ebenda).

150 Ebenda, S. 272.

151 J. Verweyen, Ehrenfried Walther von Tschirnhaus als Philosoph, a. a. O., S. 91. Vgl. Spinoza, Briefwechsel, a. a. O., S. 242f.; E. W. von Tschirnhaus, Medicina mentis 1695 (1963), a. a. O., S. 101f., Zu Tschirnhaus' Logikauffassung vgl. zusammenfassend: W. Risse, Die Logik der Neuzeit, Bd. 2: 1640–1780, Stuttgart – Bad Cannstatt 1970, S. 147–154.

152 G. Stiehler, Tschirnhaus als Philosoph, a. a. O., S. 87.

153 E. W. von Tschirnhaus, Medicina mentis 1695 (1963), a. a. O., S 153–154.

154 Ebenda, S. 79.

155 Zit. nach: G. Stiehler, Tschirnhaus als Philosoph, a. a. O., S. 88.

156 Vgl. E. W. von Tschirnhaus, Medicina mentis 1695 (1963), a. a. O., S. 196.

157 Chr. Huygens, Œuvres complètes, Bd. IX, a. a. O., S. 151, Nr. 2457. Ähnlich, aber 72 Jahre vor J. Kants berühmtem „Sapere aude! Habe Muth dich deines eigenen Verstandes zu bedienen!" (J. Kant, Was ist Aufklärung (in: J. Kant: Gesammelte Schriften. Hrsg. v. d. Kgl. Preuß. Akad. d. Wiss. Abt. 1: Werke. Bd. 8: Abhandlungen nach 1781. Berlin 1912, S. 35.) fordert Chr. Wolff, jeder solle „mit rechtem Eifer darnach streben, wie er zu so hurtigem Gebrauche der Kräfte seines Verstandes gelangen möchte, als nur immer möglich ist." (Chr. Wolff, Vernünftige Gedanken von Gott, der Welt und der Seele des Menschen, Halle 1712, Vorr. zur 1. Aufl.).

158 E. W. von Tschirnhaus, Medicina mentis 1695 (1963), a. a. O., S. 40 (hervorgeh. – S. W.).

159 G. W. F. Hegel, Vorlesungen über die Geschichte der Philosophie, Bd. 3, Leipzig 1971, S. 402–403.

160 G. W. F. Hegel, Vorlesungen über die Geschichte der Philosophie, Bd. 1, Leipzig 1971, S. 219. Die übrigen von Hegel (ebenda, S. 217–219) genannten Quellen werden – außer Tennemann – hier i. B. a. Tschirnhaus nicht geprüft: 1. Th. Stanley, The History of Philosophy, Vol. 1–3, London 1655–1662; 2. J. J. Brucker, Historia critica philosophiae, Lipsiae 1742–44; 3. D. Tiedemann, Geist der spekulativen Philosophie, Marburg 1791–97; 4. W. G. Tennemann, Geschichte der Philosophie, Leipzig 1798–1819.

161 Vgl. Die Belege bei: N. Merker, Die Aufklärung in Deutschland, a. a. O., S. 13-14.

162 J. G. Buhle, Geschichte der neuern Philosophie seit der Epoche der Wiederherstellung der Wissenschaften, Bd. 4, Göttingen 1803, S. 526–570, zu Tschirnhaus S. 527-537.

163 Ebenda, S. 537.

164 G. G. Fülleborn, Beyträge zur Geschichte der Philosophie, 5. Stück, Züllichau 1795, S. 105.

165 Christian Wolffs eigene Lebensbeschreibung, hrsg. mit einer Abhandl. über Wolff von H. Wuttke, Leipzig 1841, S. 125–127.

166 Ebenda, S. 134. H. J. Engfer (Philosophie als Analysis. Studien zur Entwicklung philosophischer Analysiskonzeptionen unter dem Einfluß mathe-

matischer Methodenmodelle im 17. und frühen 18. Jahrhundert, Stuttgart – Bad Cannstatt 1982, S. 261–262) vermerkt den entscheidenden Einfluß der drei Erkenntnisstufen Tschirnhaus' auf Chr. Wolff.

167 E. Zeller, Geschichte der deutschen Philosophie seit Leibniz, München 1873, S. 195; vgl. S. VII.

168 Ebenda, S. 196; vgl. E. W. von Tschirnhaus, Medicina mentis 1695 (1963), a. a. O., S. 79, 81–82, 107–109, 182–183.

169 Ebenda, S. 197; vgl. E. W. von Tschirnhaus, Medicina mentis, 1695 (1963), S. 41, 177, 199, 153.

170 Ebenda, S. 199; vgl. E. W. von Tschirnhaus, Medicina mentis 1695 (1963), a. a. O., S. 196; vgl. unsere Anm. 156.

171 Ebenda, S. 199f; vgl. E. W. von Tschirnhaus, Medicina mentis 1695 (1963), a. a. O., S. 279, S. 90.

172 W. Windelband, Die Geschichte der neueren Philosophie in ihrem Zusammenhange mit der allgemeinen Cultur und den besonderen Wissenschaften, Bd. 1: Von der Renaissance bis Kant, 2. durchges. Aufl., Leipzig 1899, S. 497–501.

173 Ebenda, S. 499.

174 Ebenda, S. 500.

175 W. Windelband, Lehrbuch der Geschichte der Philosophie, hrsg. von H. Heimsoeth, Tübingen 1935, S. 334. F. Ueberweg, Grundriß der Geschichte der Philosophie, T. 3: Die Philosophie der Neuzeit bis zum Ende des achtzehnten Jahrhunderts, 12. Aufl., völlig neubearb. von M. Frischeisen-Köhler/W. Moog, Berlin 1924, S. 343; vgl. dazu E. W. von Tschirnhaus, Medicina mentis 1695 (1963), a. a. O., S. 99. „Dabei hatte bereits Erdmann nachdrücklich darauf hingewiesen, daß eine solche Auffassung selbst paradox, auf Grund einer falschen Übersetzung Tennemanns entstanden und die falsche Übersetzung das einzig Lächerliche an dieser Definition des Lachens sei." J. H. Horn, Tschirnhaus, a. a. O., S. 121. In der Neuauflage des verbreiteten Kompendiums von K. Vorländer wird Tschirnhaus grob den Vorläufern Chr. Wolffs zugerechnet und undifferenziert darauf verwiesen, er habe Hobbes, Descartes und Locke weitergebildet (K. Vorländer, Philosophie der Neuzeit. Die Aufklärung. Geschichte der Philosophie Bd. V, bearb. von H. Knittermeyer, Reinbek b. Hamburg, 1975, S. 80f.) Gelegentlich finden sich auch vage Einschätzungen in der neueren Literatur: Tschirnhaus „hatte in der Hochschätzung der formalen Logik mit Leibniz . . . Berührungspunkte, stand aber Descartes, den Cartesianern und Spinoza näher. (W. Röd, Die Philosophie der Neuzeit 2. Von Newton bis Rousseau, München 1984, S. 443); er suchte „eine mittlere Position zwischen Leibniz, Spinoza und Descartes einzunehmen." (ebenda, S. 108).

176 J. H. Horn, Tschirnhaus, a. a. O., S. 121. Nach Richard Falckenberg (Geschichte der neueren Philosophie von Nikolaus von Kues bis zur Gegenwart. Im Grundriß dargestellt, 9. Aufl. verb. u. erg. von E. von Aster, Berlin – Leipzig 1927, S. 280) ist E. W. von Tschirnhaus „das Vorbild einer . . . Gruppe von Aufklärungsphilosophen, die in einem mehr wissenschaftlichen

Sinne des Eklektizismus huldigten, indem sie von methodologischen Überlegungen aus den Gegensatz des Rationalismus und Empirismus zu überwinden versuchten." Bei K. Jaspers (Die großen Philosophen, Bd. 1 München 1957) kommt Tschirnhaus nicht vor. Nach K. J. Grau (Die Entwicklung des Bewußtseinsbegriffs im XVII. und XVIII. Jahrhundert, Halle/S. 1916, S. 41ff.) ist Tschirnhaus eher dem Cartesianismus zuzuordnen, wenngleich auch Bezüge zu Spinoza konstatiert werden.

177 E. Cassirer. Das Erkenntnisproblem in der Philosophie und Wissenschaft der neueren Zeit, Bd. 2, Berlin 1907, S. 102–111.

178 W. Dilthey, Leibniz und sein Zeitalter, a. a. O., S. 69.

179 E. Bloch, Christian Thomasius. Ein deutscher Gelehrter ohne Misere, Berlin 1953, S. 13.

180 M. Fleischmann, Christian Thomasius, Halle/S. 1931, S. 50.

181 J. Streisand, Geschichtliches Denken von der deutschen Frühaufklärung bis zur Klassik, a. a. O., S. 39–40; Vgl. H. Schröpfer, Zur Herausbildung der Philosophiehistoriographie als eigenständige historische und philosophische Disziplin in der europäischen Aufklärung von 1650 bis 1750, Phil. Diss. Jena 1979, S. 129ff.; H. Schröpfer, Die Anfänge der Philosophiegeschichtsschreibung in der deutschen und französischen Aufklärung, in: Aufklärung – Gesellschaft – Kritik. Studien zur Philosophie der Aufklärung (I), a. a. O., S. 436ff.

182 Chr. Thomasius, Institutiones jurisprudentiae divinae (1688), zit. nach: H. Hettner, Geschichte der deutschen Literatur im achtzehnten Jahrhundert, Bd. I, Berlin 1961, S. 72; zum Verhältnis von A. H. Francke und Chr. Thomasius vgl.: L. Neisser, Christian Thomasius und seine Beziehungen zum Pietismus, Phil. Diss. München 1928; C. Hinrichs, Preußentum und Pietismus, Der Pietismus in Brandenburg – Preußen als religiös-soziale Reformbewegung, a. a. O., S. 352–387.

183 J. H. Horn, Tschirnhaus, a. a. O., S. 122; vgl.: G. Schubart-Fikentscher, Christian Thomasius. Seine Bedeutung als Hochschullehrer am Beginn der deutschen Aufklärung, Berlin 1977 (Sitzungsber. d. Sächs. Akad. d. Wiss. zu Leipzig, Phil.-hist. Kl. Bd. 119, H. 4).

184 Ebenda, S. 126f.

185 Vgl. ebenda, S. 134.

186 Ebenda, S. 135; vgl. E. W. von Tschirnhaus, Medicina mentis 1695 (1963), a. a. O., S. 282.

187 Ebenda.

188 E. Winter, Der Freund B. Spinozas E. W. von Tschirnhaus, a. a. O., S. 6; vgl. P. Bollhagen, Teoriapoznawczy dorobek Ehrenfrieda W. von Tschirnhaus i jego związki z filozofia Spinozy i Leibniza, a. a. O., S. 37–53.

189 Ebenda, S. 6–7.

190 Ebenda, S. 7. Vgl. dagegen: G. Mühlpfordt, Das Stichjahr 1735 – Zur Differenzierung und Radikalisierung der Wolffschen Schule, in: Wiss. Zeitschr. d. Martin-Luther-Universität Halle – Wittenberg, gesellschafts- u. sprachwiss. Rhe, Halle 30 (1981) H. 1, S. 63–75.

191 H. M. Wolff, Spinozas Ethik, a. a. O., S. 121.

192 N. Altwicker, Spinoza – Tendenzen der Spinoza-Rezeption und -Kritik, in: Texte zur Geschichte des Spinozismus, hrsg. von N. Altwicker, Darmstadt 1971, S. 28. Kurios mutet Wolfgang Jahnkes Feststellung an: „Im ersten Buch der ‚Medicina mentis' hat Tschirnhaus das Ethos des Positivismus entworfen." (W. Jahnke, Ehrenfried Walther von Tschirnhaus, in: Schlesische Lebensbilder: Schlesier des 15. bis 20. Jahrhunderts, Bd. V, Würzburg 1968, S. 71.)

193 J. P. Wurtz, Tschirnhaus und die Spinozabeschuldigung: Die Polemik mit Christian Thomasius, in: Studia Leibnitiana, Wiesbaden XIII/1 (1981) S. 75. Vergl. zum ganzen Problem auch: J. P. Wurtz, Tschirnhaus et Spinoza, in: Studia Leibnitiana Supplementa, Wiesbaden 20 (1981) S. 93–103.

194 Vgl. H. Freydank, Thomasius der Journalist, in: Christian Thomasius. Leben und Lebenswerk. Abhandlungen und Aufsätze, hrsg. von M. Fleischmann, a. a. O., S. 351; R. E. Prutz, Geschichte des deutschen Journalismus, T. 1, Hannover 1845, S. 295–333, G. Witkowski, Geschichte des literarischen Lebens in Leipzig, Leipzig – Berlin 1909, S. 204–217; Vgl. Th. Woitkewitsch, Thomasius' Monatsgespräche. Eine Charakteristik, in: Börsenblatt für den deutschen Buchhandel, Frankfurt/M. 1969, S. 1483–1494.

195 Chr. Thomasius, Schertz- und Ernsthaffter / Vernünfftiger und Einfältiger Gedancken / über allerhand Lustige und nützliche Bücher und Fragen Dritter Monath oder Martius. In einem Gespräch vorgestellet durch E. D. F. U. K. Halle 1688, S. 389–442.

196 Ebenda, S. 396. Der Direktor der Sächsischen Landesbibliothek Friedrich Adolf Ebert (1791–1834) hat im Exemplar dieser Bibliothek (Sign. Eph. Lit. 649) auf dem 1. Blatt vermerkt: „Original-Ausgabe. Es giebt von diesem Journale einen Nachdruck der beyden Jahrgänge 1688 u. 89 unter demselben Datum, welcher Blatt für Blatt und Seite für Seite mit der Originalausgabe übereinstimmt, und in welcher nur die Druckfehler der letztren verbessert sind. Es hat aber den Mangel, daß in ihm mehrere Titelkupfer zu den einzelnen Monaten fehlen, deren Platten entweder verloren gegangen seyn oder zu sehr abgenutzt seyn mochten. Dieser Nachdruck scheint in dem ersten Decennium des 18. Jahrhunderts veranstaltet worden zu seyn." Darin liegt m. E. die Ursache für unterschiedliche Seitenzählungen.

197 Ebenda, S. 408f. Tschirnhaus' Titel „Medicina mentis" haben Joachim Lange für eine pietistisch-moralische Denklehre (J. Lange, Medicina mentis, Berolini 1704), Jakob Wilhelm Feuerlin für einen Auszug aus J. F. Buddeus'. Logik (J. W. Feuerlin, Medicina intellectus sive logica e . . . Buddei Logica . . . redacta, Nürnberg 1715) und Michael Gottlieb Hansch für eine zwischen Tschirnhaus, Leibniz und Wolff vermittelnde mathematische Logik verwendet (M. G. Hansch, Medicina mentis et Corporis, Amsterdam 1728).

198 Ebenda, S. 416; Die „Sechtzig Objectiones" finden sich ebenda, S. 416–441. J.-P. Wurtz (Die Tschirnhaus – Handschrift „Anhang An Mein so genantes Eilfertiges bedencken." Einführung, Transkription und Anmerkungen, in: Studia Leibnitiana, Wiesbaden XV/2 (1983) S. 150f.) weist nach, daß es sich bei dem „Freund" eindeutig um Thomasius selbst handelt.

199 Ebenda, S. 419, vgl. E. W. von Tschirnhaus, Medicina mentis 1695 (1963), a. a. O., S. 61.

200 Ebenda, S. 420.

201 Ebenda, S. 421–424. Vorangestellt wird die angebliche Empfehlung des „Freundes" an Thomasius: „wenn ich etwa einmahl über diesen Autoren käme solte ich nur darinnen pag (12.) (19.) (72.) (78.) 79. (87.) 91. (92.) 104. 137. 144. 146. (163.) (171.) (178.) (180.) (181.) 182. (183.) 184. 190. 192. 195. (197.) 204. 212. (223.) 229. (231.) (233.) (252.) 253. 264. 358. 360. (361.) 362. 364. 365. 367. 368. 370. (371.) 581. (587.) (589.) auffsuchen, und was ich daselbst finde, mit meinen excerptis aus dem Herrn Tschirnhausen conferiren" (Ebenda, S. 416). Die Seitenangaben beziehen sich auf: Spinoza, Opera posthuma. Quorum series post praefationem exhibitur, MDCLXXVII. Es sind zumeist wörtliche Wiedergaben folgender Sätze Spinozas: „Ethik", I, Lehrs. 15, 18; II, Lehrs. 35, 41, 42, 49. Schol.; III, Lehrs. 11 mit Schol., Lehrs. 53 mit Schol., Lehrs. 59 mit Schol. und Definition der Affekte; Vorwort zu Teil IV; IV Lehrs. 8, Lehrs. 18 mit Schol., Lehrs. 20–29, Lehrs. 36, Lehrs. 37, Schol. II., Lehrs. 38 f., Lehrs., 41f. Lehrs. 52, Lehrs. 61, Anhang Caput 4, 26f, 30; V, Lehrs. 25–28, Lehrs. 42 mit Schol. Die S. 358 ff. finden sich auf den ersten Seiten von Spinozas „Tractatus de intellectus emendatione". Die beiden letzten Stellen beziehen sich auf Tschirnhaus' Brief an Spinoza vom 8. 10. 1674 (Vgl. Spinoza, Briefwechsel, a. a. O., S. 232–234, S. 239–241). Auch diese Vergleichung harrt noch der genauen Untersuchung und Präzisierung.

202 Ebenda, S. 338ff.

203 Vgl. J. J. Brucker, Kurtze Fragen Aus der Philosophischen Historie von Christi Geburt Biß auf Unsere Zeiten . . . Siebender und letzter Theil, Ulm 1736, S. 512. Vgl. H.-M. Barth, Atheismus und Orthodoxie. Analysen und Modelle christlicher Apologetik im 17. Jahrhundert, Göttingen 1971, S. 143. Fritz Mauthner formuliert für meine Begriffe unverständlich: „Der unzuverlässige Tschirnhaus . . . schrieb den halbverstandenen Spinoza (1687) eifrig aus, nannte ihn aber nicht, weil er kein Spinozist heißen wollte." (F. Mauthner, Spinoza. Ein Umriß seines Lebens und Wirkens, 1921, S. 33).

204 Chr. Thomasius, Monats-Gespräche, a. a. O., S. 424–425. Der zweite Satz findet sich in Spinozas „Abhandlung über die Läuterung des Verstandes" (a. a. O., S. 10). S(pinoza), Opera posthuma, a. a. O., p. 361.

205 Ebenda, S. 425; Vgl. Spinoza, Opera, hrsg. v. C. Gebhardt, Bd. IV, a. a. O., p. 268–270. (In den „Opera posthuma" war Tschirnhaus' Name durch 7 Punkte ersetzt. Vgl. B. d. S(Spinoza), Opera posthuma, a. a. O., p. 587f.

206 Ebenda, S. 425. Vgl. Spinoza, Opera, hrsg. von C. Gebhardt, Bd. IV, a. a. O., p. 271.

207 Chr. Thomasius, Monats-Gespräche, a. a. O., S. 441–442.

208 Ebenda, S. 442.

209 Ebenda

210 „*Thomasius* hatte sicherlich von seinem Standpunkt aus und in seiner Zeit nicht ganz unrecht, wenn er die Ansätze zu einer Kritik an *Spinoza* oder gar

am Epikureismus, die die ‚Medicina mentis' ebenfalls ganz deutlich aufwies, geflissentlich übersah". E. Winter, Der Bahnbrecher der deutschen Frühaufklärung, a. a. O., S. 29.

211 Ebenda. Vgl. unsere Anmerkung 71.

212 Vgl. Eilfertiges Bedencken wider die Objectiones, so im Mense Martio Schertz und Ernsthaffter Gedancken über den Tractat. Medicinae Mentis enthalten, in: [Chr. Thomasius] Schertz = und Ernsthaffter / Vernünftiger und Einfältiger Gedancken/ über allerhand Lustige und nützliche Bücher und Fragen. Sechster Monat oder Junius. In einem Gespräch vorgestellet. Halle 1688, S. 746–792. Tschirnhaus schreibt selbst, daß er seine „‚Bedencken' nicht öffentlich / sondern nur vor etliche gute Freunde und Patronen ausgefertiget" (ebenda, S. 792). Er wiederholt im „Anhang an Mein so genanntes Eilfertiges bedencken", er habe es „nicht für den Advusarium: sondern für gutte und Judicieuse Freunde, ohne alle zierligkeit des Styli . . . entworffen." J. P. Wurtz, Die Tschirnhaus-Handschrift „Anhang an Mein so genanntes Eilfertiges bedencken," a. a. O., S. 158. Die „Eilfertigen Bedencken" führt Thomasius durch seine vorgeblichen Gesprächspartner der „Monats-Gespräche", Dorilas und Flavio, wie folgt ein: Dorilas: „Ich bringe dem Herrn was neues / ich weiß aber nicht / ob es ihm lieb oder leid seyn wird / und hiermit zeigte er dem Flavio etliche geschriebene (nicht gedruckte – S. W.) Bogen, die ihm gleich ietzo von einem guten Freund waren zugesendet worden." (ebenda, S. 745).

213 Ebenda, S. 759.

214 Ebenda, S. 760.

215 Ebenda, S. 761.

216 Ebenda, S. 767.

217 Ebenda, S. 780.

218 Ebenda, S. 773; die bei Tschirnhaus gegebene Seitenzahl bezieht sich auf Spinozas „Opera posthuma." Vgl. unsere Anmerkung 147.

219 Ebenda, S. 774f.

220 Vgl. ebenda, S. 780ff.

221 Vgl. ebenda, S. 789; E. W. von Tschirnhaus an Chr. Huygens, in: Chr. Huygens, Œuvres complètes, Bd. 9, a. a. O., S. 135.

222 Vgl. J. Haussleiter, Kurze Charakteristik der Erstausgabe (1687) der „Medicina mentis" sowie deren von der Editio nova (1695) abweichenden Lesarten, in: E. W. von Tschirnhaus. Medicina mentis 1695 (1963), a. a. O., S. 295f. J. Haussleiter, Bibliographische Bemerkungen zu Ehrenfried Walther von Tschirnhausens Medicina mentis et Corporis, in: E. W. von Tschirnhaus und die Frühaufklärung. . . ., a. a. O., S. 133–135. Vgl. unsere Anmerkung 109.

223 Chr. Thomasius, Monats-Gespräche, a. a. O., S. 793.

224 Ebenda, S. 792.

225 Ebenda, S. 799.

226 Ebenda, S. 802.

227 Ebenda, S. 815.

228 Ebenda.

229 Ebenda, S. 816f.; ebenda, S. 419.
230 Ebenda, S. 819f.
231 Ebenda, S. 820–823, vgl. S. 824, S. 827.
232 Ebenda, S. 824–825.
233 Ebenda, S. 826–827.
234 Ebenda, S. 829; vgl. E. W. von Tschirnhaus, Medicina mentis 1695 (1963), a. a. O., S. 61, 180, 225–226.
235 Ebenda, S. 841.
236 Ebenda, S. 847–848.
237 J. P. Wurtz, Die Tschirnhaus-Handschrift „Anhang an Mein so genantes Eilfertiges bedencken", a. a. O., S. 187.
238 Eine Erstveröffentlichung des in Görlitz befindlichen Manuskriptes (Oberlausitzische Bibliothek der Wissenschaften bei den Städtischen Kunstsammlungen zu Görlitz, Signatur: OLB Archiv Schrank 309) erfolgte durch J.-P. Wurtz: Die Tschirnhaus-Handschrift „Anhang An Mein so genantes Eilfertiges bedencken". Einführung, Transkription und Anmerkungen, a. a. O., S. 149–204. Interesse verdient, daß sich Tschirnhaus hier noch stärker von Spinoza abhebt und zu Descartes bekennt.
239 Vgl. E. Hirsch, Geschichte der neueren protestantischen Philosophie im Zusammenhang mit den allgemeinen Bewegungen des europäischen Denkens, Bd. 1, Gütersloh 1951, S. 94.
240 Chr. Thomasius, Freymüthiger Jedoch Vernunfft = und Gesetzmäßiger Gedancken Über allerhand fürnemlich aber neue Bücher Januarius des 1689 Jahrs, Halle 1689, S. 19–20.
241 Vgl. K. Brinkel, Johann Neuherz. Ein schlesisches Pfarrerleben, Görlitz 1937.

PERSONENREGISTER

Heft 4 Prof. Dr. ROLF LIEBERWIRTH, Eike von Repchow und der Sachsenspiegel
1982. 50 Seiten – 8⁰ – M 5,–

Heft 5 Prof. Dr. ERNST EICHLER, Ergebnisse der Namenforschung im deutsch-slawischen Raum
1982. 48 Seiten – 8⁰ – M 4,50

Heft 6 Prof. Dr. SIEGFRIED WOLLGAST, Die Philosophie in Deutschland von der Reformation bis zur Aufklärung – Hauptetappen und Tendenzen 1982. 59 Seiten – 8⁰ – M 6,–

Band 123

Heft 1 Prof. Dr. EBERHARD BRÜNING, Sinclair Lewis und die endgültige Emanzipation der amerikanischen Literatur 1982. 25 Seiten – 8⁰ – M 3,50

Heft 2 Prof. Dr. ERNST WERNER, Sultan Mehmed der Eroberer und die Epochenwende im 15. Jahrhundert
1982. 71 Seiten – 8⁰ – M 7,50

Heft 3 Prof. Dr. WERNER NEUMANN, Über das funktionale Wechselverhältnis von Vokalität und Instrumentalität als kompositionstechnisches Grundphänomen 1982. 30 Seiten – 8⁰ – M 4,–

Heft 4 Prof. Dr. KARL CZOK, Über Traditionen sächsischer Landesgeschichte
1983. 44 Seiten – 31 Tafeln – 8⁰ – M 8,–

Heft 5 Prof. Dr. Dr. KURT RUDOLPH, Wellhausen als Arabist 1983. 57 Seiten – 8⁰ – M 6,–

Heft 6 Prof. Dr. TERENCE FREDERICK MITCHELL, Soziolinguistische und stilistische Aspekte des gesprochenen Arabisch der Gebildeten (Educated Spoken Arabic) in Ägypten und der Levante
1984. 22 Seiten – 8⁰ – M 4,–

Band 124

Heft 1 Prof. Dr. HANS HIEBSCH, Dr. RENATE HASCHKE, Methodologische Probleme der Psychophysiologie bei der Systemanalyse menschlicher Handlungen 1984. 26 Seiten – 11 Abbildungen – 8⁰ – M 3,–

Heft 2 Prof. Dr. ALBRECHT NEUBERT, Diskurs über den Diskurs. Neue Denkanstöße in der Sprachwissenschaft oder Zur Gegenstandsbestimmung der Linguistik 1983. 16 Seiten – 8⁰ – M 3,–

Heft 3 Prof. Dr. WERNER BAHNER, Kontinuität und Diskontinuität in der Herausbildung der romanischen Sprachwissenschaft 1983. 40 Seiten – 8⁰ – M 4,50

Heft 4 Prof. Dr. RUDOLF RŮŽIČKA, Sprachwissenschaft und Sprachkunst. Ein Beispiel: Die Metapher
1983. 44 Seiten – 8⁰ – M 5,–

Heft 5 Prof. Dr. JOACHIM MÜLLER, Das Alte und das Neue, Historische und politische Realität in Theodor Fontanes Roman „Der Stechlin" 1983. 34 Seiten – 8⁰ – M 5,–

Heft 6 Prof. Dr. KARL CZOK, Karl Lamprechts Wirken an der Universität Leipzig
1984. 30 Seiten – 1 Abbildung – 8⁰ – M 4,–

Band 125

Heft 1 Prof. Dr. ERNST EICHLER, Reinhold Trautmann und die deutsche Slawistik. Mit einem Beitrag von Gerald Wiemers 1984. 74 Seiten – 1 Tafel – 8⁰ – M 8,–

Heft 2 Prof. Dr. SIEGFRIED WOLLGAST, Zur Stellung des Gelehrten in Deutschland im 17. Jahrhundert
1984. 79 Seiten – 1 Abb. – 8⁰ – M 7,50

Heft 3 Prof. Dr. Dr. h. c. EBERHARD POPPE, Universalität der Menschenrechte – Idee und Realität
1985. 20 Seiten – 8⁰ – M 3,–

Heft 4 Prof. Dr. RUDOLF FORBERGER, Vom künstlerisch gestalteten Hartporzellan Böttgers zum technischen Porzellan im 19. Jahrhundert 1985. 30 Seiten – 4 Tafeln – 8⁰ – M 4,–

Heft 5 Prof. Dr. GERHARD DUDEK, Die Brüder Karamasow – Zur Struktur der Romane F. M. Dostojewskis
1985. 45 Seiten – 8⁰ – M 4,50

Heft 6 Prof. Dr. ULRICH RICKEN, Probleme des Zeichens und der Kommunikation in der Wissenschafts- und Ideologiegeschichte der Aufklärung 1985. 63 Seiten – 8⁰ – M 6,–

Band 126

Heft 1 Prof. Dr. EBERHARD BRÜNING, Ernest Hemingway – Humanist und Antifaschist
1985. 36 Seiten – 8⁰ – M 4,–

Heft 2 Prof. Dr. ERNST ULLMANN, Von der Macht der Bilder – Kunst und Reformation
1985. 25 Seiten – 16 Tafeln – 8⁰ – M 5,–

Heft 3 Prof. Dr. ERICH DONNERT, Neue Wege im russischen Geschichtsdenken des 18. Jahrhunderts
1985. 73 Seiten – 8° – M 7,50

Heft 4 Prof. Dr: ALBRECHT NEUBERT, Dichtung und Wahrheit des zweisprachigen Wörterbuchs
1986. 23 Seiten – 8° – M 3,–

Heft 5 Prof. Dr. HANS HIEBSCH, Probleme der „sozialen Kognition" 1986. 32 Seiten – 8° – M 3,–

Heft 6 Dr. DETLEF DÖRING, Die Beziehungen zwischen Johannes Kepler und dem Leipziger Mathematikprofessor Philipp Müller. Eine Darstellung auf der Grundlage neuentdeckter Quellen und unter besonderer Berücksichtigung der Astronomie an der Universität Leipzig 1986. 50 Seiten – 8° – M 7,–

Heft 7 Dr. phil. SYBILLE BLUM, Wortschatz und Übersetzungsleistung in den althochdeutschen Canonesglossen. Untersuchungen zur Handschrift Frankfurt am Main Ms. Barth. 64
1986. 93 Seiten – 8° – M 9,–

Band 127

Heft 1 Prof. Dr. ROLF LIEBERWIRTH, Das sächsisch-magdeburgische Recht als Quelle osteuropäischer Rechtsordnungen 1986. 40 Seiten – 8° – M 6,–

Heft 2 Prof. Dr. DIETER WITTICH, Zur Entstehungs- und Rezeptionsgeschichte von W. I. Lenins Werk „Materialismus und Empiriokritizismus" 1986. 36 Seiten – 8° – M 4,50

Heft 3 Prof. Dr. RUDOLF FORBERGER, Die Widerspiegelung der Industriellen Revolution in Sachsen (1800–1861) in der zeitgenössischen Belletristik 1987. 48 Seiten – 12 Abb. – 8° – M 6,–

Heft 4 Dr. phil. JULIANE BRANDSCH, Bezeichnungen für Bauern und Hofgesinde im Althochdeutschen
1987. 74 Seiten – 4 Abb. i. Tafelteil · 8° – M 7,–

Heft 5 Prof. Dr. GERHARD DUDEK, I. S. Turgenjews „Rudin" – individuelle Romanform und Romantypus 1987. 33 Seiten – 6 Tafeln – 8° – M 5,–

Heft 6 Prof. Dr. GOTTHARD LERCHNER, Literarischer Text und kommunikatives Handeln
1987. 74 Seiten – 8° – M 7,50

Heft 7 Prof. Dr. RIGOBERT GÜNTHER, Die sozialutopische Komponente im frühen Christentum bis zum 2. Jahrhundert 1987. 19 Seiten – 8° – M 3,–

Band 128

Heft 1 Prof. Dr. SIEGFRIED WOLLGAST, Ehrenfried Walther von Tschirnhaus und die deutsche Frühaufklärung *Vorliegendes Heft*

Einzel- oder Fortsetzungsbestellungen durch eine Buchhandlung erbeten

Sitzungsberichte bis Band 112
durch das Zentralantiquariat der Deutschen Demokratischen Republik, Leipzig,
ab Band 113 durch die Universitätsbuchhandlung, 7010 Leipzig, zum Teil
noch lieferbar

AKADEMIE-VERLAG BERLIN
Leipziger Straße 3–4, DDR - 1086 Berlin

ISBN 3-05-000583-1
ISSN 0138-3957

FSC
www.fsc.org
MIX
Papier | Fördert gute Waldnutzung
FSC® C083411

Kolibri 360 GmbH
Ferdinand-Jühlke-Straße 7
99095 Erfurt, Deutschland
produktsicherheit@kolibri360.de